観海讚

水天一色萬國同春

魚鼈咸若四海蕩平

海錯圖

笔记 (贰)

· 张辰亮 著

中信出版集团 · CHINACITICPRESS · 北京

目录

序 一次更话痨的《海错图》考证历程

《海错图》成书于明末清初，是浙江人聂璜绘制的一部海洋生物图谱。聂璜把他在中国沿海亲眼所见、亲耳所闻的各种生物都画在了这部图谱中。时代所限，书中的记载亦真亦假，时有夸张，但妙趣横生。此书在清雍正年间被太监苏培盛带入宫中，深受历代皇帝喜爱，现第一册—第三册藏于北京故宫博物院，第四册藏于台北"故宫博物院"。

2014年，北京故宫出版了前三册，我买了一本。2015年，我开始考证书中的生物，并在2016年出版了初步的成果：《海错图笔记》第一册。这本书收录了我对《海错图》中36幅画作的考证。

在《海错图笔记》第一册的序里我说过，解读《海错图》是一项长期工程，这不，在一年之后，第二册写完了。

在写第一册时，我还保留着杂志编辑的习惯。在我供职的《博物》杂志中，一篇文章顶多6页，因为内容太丰富，每个栏目不会占太多篇幅。所以写第一册时，字数一过2000，我就自动开始慌，生怕字多了读者看着烦，于是文章篇幅普遍较小。但书出版后，看看读者反馈，发现大部分人反而对我字数较多的那几篇更感兴趣，而且普遍反映意犹未尽。于是，在第二册里，我放飞自我，写了不少3000~5000字的文，希望大家看得更过瘾。

内容上，在第二册中，我考证了40幅《海错图》原图，集成24篇文章，页数比第一册多24页——这次的文章篇幅更大、内容更丰富。

经过多次与出版社的讨论和打样，我们把第二册的内页换成了呈现效果和阅读感受更好的纸；封面从裸脊线装换成了圆脊精装，让整本书更显品质，满足了一些读者的收藏需求，加了书脊也方便大家在书架上查找取阅。

　　这次我增加了许多自己的考证过程。一来我本人就有考据癖，二来我在查找资料过程中发现，很多文章在考据海洋生物时都出现了或多或少的纰漏，有的是对古籍理解有误，有的是缺乏生物分类学的知识。写第一册的时候我就发现了，没好意思说，到第二册我实在忍不住了，在某些文章里有节制地吐槽了一下，另外列出了我自己的考据过程，供读者参考，让大家知其然，还知其所以然。

　　在第二册中，我减少了照片的比例，增加了许多古代日本、欧洲的博物学手绘。有不少都是和《海错图》同时代的，可以对比一下古代的中国人和外国人是如何看待同一类生物的。另一方面，古代绘画也比照片更符合本书的风格。手绘的来源均为合法，没有版权争议。

　　除了古代手绘，现代的手绘也是必要的。我邀请了多位年轻的科学插画师为本书绘制了插图，帮助读者理解相关的生物学知识。

　　第一册出来后，很多人问，为什么里面有这么多海鲜的吃法？是否违背动物保护的宗旨？其实写文时我都考虑过。首先，《海错图》原书里，几乎每种生物都附上了其吃法，为了最大限度地向读者展现《海错图》的原貌，不可避免地要介绍吃法。其次，大家可能忽视了一个事实：我们所食用的陆地上的生物，如今大部分已经来自人工养殖。而海鲜呢，很大一部分依然来源于野捕。也就是说，你所吃到的海鲜，很多都是野生动物。这是海洋食材和陆地食材的最大区别，海洋的生产力之高，是陆地无法比拟的。只要合理利用，海鲜就能既满足人类需要，又不影响自然种群。我们不能把保护陆地生物的标准硬套在海洋生物上。对于数量骤减，需要保护的物种，我会明确地在文章中告知读者；而对于可以合理合法地食用的物种，何必回避其饮食文化？作为一名科普工作者，我对国人"见啥吃啥"的习惯深恶痛绝，但对极端动物保护者也不敢苟同。我希望读者们拥有这样一种观点：人类应该合理利用海洋，而不是禁止利用海洋；人类应该合理吃海鲜，而不是禁止吃海鲜，更不是吃完海鲜之后禁止别人介绍怎么合理吃海鲜。

另一类必不可少的内容，就是我自己的亲身经历。今年由于我喜得爱女，导致出行机会不多，但还是尽量抽时间去北京海鲜市场、青岛、晋江、厦门、马里亚纳群岛等地搜集了资料。我越来越深切地感到，第一手资料对一个作者是多么重要。所以，大海依然是我以后经常要去的地方。

从2014年第一次翻开《海错图》至今，已是第4个年头。越研究，越发现这本书实在有趣。请大家先看这第二册《海错图笔记》吧，我去继续考证了。

2017年7月7日

第一章 介部

西施舌即紫蛤中之肉也閩中一種
紫蛤其肉如舌產連江海濱而不多
粤中最鮮生食者剖殼取肉煮供
賓筵其汁清碧似乳泉粤中多晒
而乾之以市商舶凡食乾者須久浸
洗去腹中泥沙重烹始佳連江陳龍
淮贊西施舌曰瑤甲含漿瓊液泛
紫何取名舌唐突西子亦猶格物論
指河豚腹腴為楊妃乳雖未確然河
豚之味雖美其毒能殺人正妙海物
何必又以為飿子也

西施舌贊

西施玉容阿誰能見
吮彼舌根如狠嬌面

【西施舌】 何取名舌，唐突西子

小小贝肉，为何冠以美女舌头之名？更有趣的是，这个美丽的名字，竟然同时属于两种贝类。

双线紫蛤的壳上有
两条放射状的线纹

闽粤紫蛤，其肉如舌

"西施舌，即紫蛤中之肉也。闽中一种紫蛤，其肉如舌，产连江海滨而不多，粤中最繁生。"聂璜写道。这种"紫蛤"他一定吃过，因为他不仅画出了蛤的外壳，还很科学地画了里面的肉：前面两根水管，后面一片斧足，那斧足方中带圆，正似舌形。

再看那贝壳，也是介于长方和椭圆之间，有年轮一样的生长纹，壳面褐色，但根据文中"紫蛤"的名字，想必一定有紫色掺杂。这些特征已经能说明，此种贝类即是紫云蛤科、紫蛤属的种类。是的，在今天的科学语言中，它还叫紫蛤。虽然壳的外皮是褐色的，但这层皮很容易脱落，露出里面的紫色，紫蛤也因此得名。

紫蛤属是中国大陆学界使用的名字，对岸的台湾学界，直接称之为"西施舌属"。这个属下有好几种贝类，大陆称它们为"××紫蛤"，台湾称之为"××西施舌"。

其中有一种拉丁文学名为*Sanguinolaria diphos*的，台湾人就叫它"西施舌"三字，没有前面的"××"前缀，这意味着，它在台湾人眼里是最正宗的西施舌。

大陆这边呢，把*Sanguinolaria diphos*命名为"双线紫蛤"，因为它有两条淡淡的线纹横贯壳面。《海错图》里的西施舌没画出这两条纹，有两种可能：（1）聂璜画的不是双线紫蛤，是其他种类的紫蛤；（2）聂璜画的是双线紫蛤，但他没注意到线纹，或者他参考的标本线纹不明显。

一位西施，两根舌头

一

如今，你若在台湾饭馆里说："来一盘西施舌！"一定会得到双线紫蛤。可在大陆，同样一句话，摆在眼前的却是另一种贝类：壳体扇形，灰黄色，斧足尖尖的，像大号的文蛤。它叫"西施马珂蛤"。在今天的大陆人眼里，西施马珂蛤才是西施舌。

到底哪种才是正宗的西施舌呢？我们来翻翻故纸堆。

早期对西施舌的记载并不清晰，南宋的《苕溪渔隐丛话》中写："福州岭口有蛤属，号西施舌，极甘脆。"清初的《闽小记》载："画家有神品，能品，逸品；闽中海错，西施舌当列为神品。"都没讲形态特征。《闽小记》甚至都没说西施舌是哪类生物，给民国时代的郁达夫带来了困惑。他在《饮食男女在福州》中说："《闽小记》里所说西施舌，不知道是否指蚌肉而言。"

郁达夫曾在福州吃过一种叫"西施舌"的蚌肉："色白而腴，味脆且鲜，以鸡汤煮得适宜，长圆的蚌肉，实在是色香味形俱佳的神品。"既然是长圆的蚌肉，那也许是双线紫

山东日照也是西施马珂蛤的著名产地，在日照的「赶海节」上，一个男孩向他妈妈展示自己挖到的西施马珂蛤

蛤。西施马珂蛤那三角形的肉体，实在难当"长圆"二字。

可是郁达夫又说这蚌肉来自福建长乐，那里是西施马珂蛤最著名的产地。所以他指的是哪种，很难确定。

再看梁实秋笔下的西施舌："似蛏而小，似蛤而长……其壳约长十五公分，作长椭圆形。"这肯定不是西施马珂蛤，而是紫蛤了。

福建长乐市漳港镇出产的西施马珂蛤，特称「漳港蚌」，是品质最佳的大陆版西施舌。西施马珂蛤一般体长8~10厘米，而漳港蚌常能超过10厘米

翻过头来看《海错图》，里面还有一种"车螯"，从它扇形的外壳和"大者如碗，汤涝而劈壳食之，须带微生则味佳。其壳外微紫白……扬州淮海来者甚多而肥，闽中惟连江、长乐海滨等处产"的描述来看，完全和西施马珂蛤吻合。看来，今天大陆人口中的"西施舌"，在清代其实叫"车螯"。

综上所述，古代、近代的西施舌应指双线紫蛤，到了现代，台湾依然如此，而大陆的西施舌已经改指西施马珂蛤了。

为何有此变化？我个人猜测，双线紫蛤分布较窄，多在热带、亚热带海域，而西施马珂蛤分布广，从北到南皆有不少，北方食客想吃西施舌（双线紫蛤）而不得，就把这名字授予了西施马珂蛤，聊以解馋。时间一长，南方人也受了影响，忘记了真正的西施舌——双线紫蛤，而改称西施马珂蛤为西施舌。就这样，西施舌成功易主。而台湾本就在双线紫蛤的分布区，想吃随时有，近几十年又未受大陆影响，没有更改的理由，所以依然延续了清代的习惯，把双线紫蛤称为西施舌。

这都是我瞎琢磨的啊，仅供参考。

車螯生海沙中大者如盌湯潑
而劈殼食之須帶微生則味佳
其殼外微紫白而內瑩潔投地
不碎可充畫家丹碧其或云此
物能乘風浮海面往來而張其
半殼為帆揚州淮海乘者甚多
而肥閩中惟連江長樂海濱等
處產且少不能四達

車螯贊

車螯乘波海上浮游
雖以車名其實似舟

《海錯圖》中的車螯，不論從外形還是吃法看，都和今天的西施馬珂蛤一樣，很可能就是西施馬珂蛤。今天沿海人口中的車螯已經改指文蛤之類了。

吮彼舌根，如猥娇面

西施舌这名字，你说起得好吧，是好，说不好吧，也确实不咋样。

好在哪儿？仅用三个字，就表达出一种食物的色、香、味来，实在厉害。蛤的斧足从壳内伸出，形似人舌，虽然人舌应为红色，但国人皆以白为美，西施更得白了。她的舌头是洁白的，似乎并无违和，此为色。美人的体香，联想到蚌肉之鲜美，此为香。放入口中，滑嫩柔软的口感又和舌头出奇相似，此为味。这样的好名字，在生物界和美食界都属罕见。

不好在哪儿？对西施不尊重。《海错图》里，聂璜先引用了陈龙淮的一首小赞：

> 瑶甲含浆，
> 琼肤泛紫。
> 何取名舌，
> 唐突西子？

"唐突西子"本身是一个成语，意为"抬高了丑的，贬低了美的"，用在西施舌身上还真合适。

然后聂璜自己又写了一首赞：

> 西施玉容，
> 阿谁能见？
> 吮彼舌根，
> 如猥娇面。

两首赞都表达了一种批评：西施是受人尊敬的女性，以她的舌头命名贝类，首先是降低了她的身份；其次，咀嚼吸吮时，获得猥亵女神的快感，实在是君子所不齿的行为。

但是君子们好像谁也没少吃。像郁达夫，就在西施舌上市的时候"红烧白煮，吃尽了几百个蚌，总算也是此生的豪举"。毕竟食物是无辜的，不管名字好坏，做熟了摆上来，不吃对不起它嘛，是吧。

侬心偏爱西施舌

（四）

清人丘京有一首《潮州竹枝词》是这么写的：

十八女儿唤妹娘，

潮纱裁剪试轻裳。

侬心偏爱西施舌，

洗手临厨自做汤。

十八岁的小姑娘，试完新衣后洗洗手，开始做自己爱吃的西施舌，真是完美的一天啊。

这首诗还透露了一个信息：西施舌适合做成汤菜。

当然，你非要爆炒，也没人拦着，《海错图》还说可以晒成干呢，但那样就都没意思了。西施舌吃的就是一个新鲜滑嫩，做成汤菜最能体现这一点。聂璜记载了一种可以"供宾筵"的做法："剖壳取肉煮，其汁清碧似乳泉。"

闽菜两大招牌：中间的大碗是佛跳墙，周围的小碗是鸡汤氽海蚌。蚌肉取自西施马珂蛤

鸡汤要以一定的高度浇在西施舌上，将其鲜味砸出来

今天福州的名菜"鸡汤氽海蚌"沿用了这个做法，只是蚌肉从双线紫蛤换成了西施马珂蛤。仅取蛤的斧足（带着内脏、水管属于不讲究），沸水氽至六成熟，放在小碗里，加黄酒，再浇上热鸡汤，将其烫到刚刚熟。鸡汤不可太热，过热则肉老。而且浇时得离碗有一定的高度，让汤砸在西施舌上，把鲜味激出来。

这道菜现在名列闽菜第二，第一是佛跳墙。

杨妃西施，俱能杀人

五

聂璜写西施舌时，又想起一件事，随手记了下来："《格物论》指河豚腹腴为'杨妃乳'，虽未确，然河豚之味虽美，其毒能杀人。"

聂璜从西施舌想到，河豚的腹腴被称为杨妃乳，和西施舌是一个命名思路。又想到河豚虽然名美味美，但毒能杀人。

但聂璜肯定想不到，在他去世几百年后，西施舌也能"杀人"了。

1986年1月2日，台湾高雄、屏东有人吃了双线紫蛤后，全身发麻，运动困难，流口水甚至呕吐，最终四十多人中毒，两人死亡。

从此很多台湾人不敢吃西施舌，甚至其他水产也大受影响，对养殖户和渔民打击巨大。有人称，"西施舌案"是"台湾水产界有史以来最严重的惨案"。

经过调查，肇事的西施舌来自人工养殖池。池水里含有大量剧毒的"涡鞭毛藻"，它们被西施舌吸入体内积累，酿成了悲剧。本来蓬勃发展的西施舌养殖业一蹶不振，没人敢养了。今天台湾市面上就算有西施舌，也多是野采的了。

"西施舌案"到底是怎么发生的，至今也没有定论。有人说是养殖户管理不当，导致池水变质。有人说是海中因污染爆发了赤潮，毒藻大量繁殖，趁机进入养殖池。

有一个现象值得注意：台湾西岸已经林立着几万家工厂，废水不断排入台湾海峡。以前人们觉得，污染物会马上被洋流稀释带走，可台湾大学的范光龙教授研究发现，台湾近海的洋流会形成"椭圆形的回转"，污染物被带走后，又被带回来。"西施舌案"里的养殖池，正处在一个回转洋流里。

日本的水产养殖专家加福竹一郎曾经在访问中国台湾后留下一句话："台湾西海岸养殖业紧邻工业区，如果不加管制，不仅会让种苗死亡，还会发生鱼虾不可食用的悲剧。"西施舌案，也许就被他言中了。

何止台湾，大陆近年也多次发生类似事件，比如引发恐慌的织纹螺中毒致死案，也是因海水污染导致的毒藻爆发造成的。

最要命的是，毒藻的爆发无章可循。我中学时曾和父母在北京某酒店吃了牡蛎，当晚我高烧呕吐，呼吸困难，无意识地喊叫，被医生强制吸氧，那是我迄今最接近死亡的时刻。可我父母都没事，医生也没查出原因。今天回想，可能就是我吃了含有毒藻的牡蛎。

今时不同往日，想一亲西施舌的芳泽，要有更大的勇气才可以了。

江瑤柱一名馬頰柱生海巖深水中種類不多殼薄而明剖之片片可拆
大如人掌肉嫩而美其連殼一肉釘火如象棋瑩白如玉橫切而烹之其
佳其汁白芋寫赤城得靚其形而嘗其味愚按江瑤美其肉之如玉也馬
頰似其狀之如馬頰也閩廣志內俱載但多悮書馬甲柱

江瑤柱贊

煮玉為漿

調之寶鑑

席上奇珍

江瑤可嘗

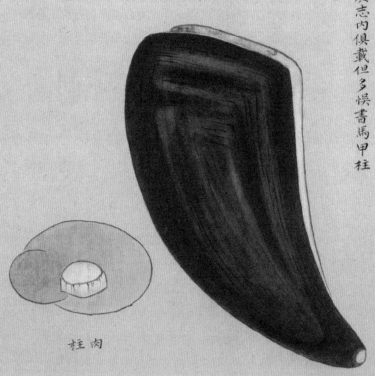

柱肉

【江瑶柱】 瑶池玉柱，席上珍馐

在海鲜方面，人们的口味曾经历过多次变化，但对于江瑶柱，中国人是从古一直赞到今的。

一以贯之的评价
一

中国人对海鲜的评价经常发生变化，《海错图》里有很多这样的例子。比如当时的人认为油脂多的鱼不好吃，但现代人却认为油多的鱼才香。当时的人觉得马鲛鱼是"鱼品之下"，而现代的保鲜技术提升后，马鲛鱼反而被认为是送礼拿得出手的鱼。口味这种事，真的很难说。

不过，有一种海鲜，从古到今一直被夸赞，它就是江瑶柱。

早在宋朝，苏东坡就夸过江瑶柱。世人皆知他老人家是荔枝发烧友，写过"日啖荔枝三百颗"，殊不知在他眼中，江瑶柱和荔枝是同等地位的。他说："予尝谓荔枝厚味、高格两绝，果中无比，惟江瑶柱、河豚鱼近之耳。"这且不算，他还把江瑶柱拟人化，写了篇《江瑶柱传》，说它"姓江，名瑶柱，字子美……"可以说是真爱粉了。

到了清朝，著有《笠翁十种曲》的戏剧家李渔，也留下了这样一段话："海错之至美，人所艳羡而不得食者，为闽之西施舌、江瑶柱二种。西施舌既食之，独江瑶柱未获一尝，为入闽恨事。"

今天，江瑶柱的美味依然没有受到质疑，在海鲜界很不容易了。那么它到底是个什么东西？这么说吧，江瑶柱并不是一种生物的名字，只是这种生物身上的一块肉。生物本身叫作江珧。

江珧在今天俗称"带子"

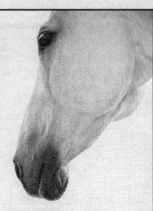

马的腮部有一大块明显的咬合肌，很像江珧的闭壳肌

马的『脸蛋肉』

（二）

江珧是江珧科贝类的统称。聂璜画下了贝壳整体的样子，但是画风相当草率，很难定种。大概是中国江珧或者栉江珧吧，这两种在中国比较常见。

所谓江瑶柱，是江珧的闭壳肌。江珧有两块闭壳肌，一大一小、一后一前，被人称赞的是大的那块"后闭壳肌"。双壳贝类都有闭壳肌，但江珧的后闭壳肌格外大，按聂璜的话说，"大如象棋，莹白如玉"，质感滑嫩，吃着痛快。

也许你已经发现问题了，为什么江"珧"的闭壳肌是江"瑶"柱呢？到底是"珧"还是"瑶"？我认为，"珧"才是正宗，因为它出现得更早。成书于战国至西汉的《尔雅》里就有"珧"字了，晋朝的郭璞注解道："珧，玉珧，即小蚌。"虽然这里的"珧"可能指的是另一种贝类，但毕竟也是一个贝类的名字。而"瑶"指的是美玉。可能是"珧"比较冷僻，在传播过程中逐渐被"瑶"替代了。今天，食品界已经以"瑶柱"为主要写法，而贝类学者依然保持古韵，用"江珧"作为这类生物的正式名字。

有的地方把江瑶柱称作"马甲柱"，可这东西和马甲有什么关系？聂璜提出了一个看法：正确的写法应该是"马颊柱"。马的腮帮子上有一大块"脸蛋肉"，呈扁平的大圆柱状，江瑶柱的形状正和这块肉相似，故名"马颊柱"。

厦门市场上，把江珧壳截短，连外套膜、内脏带闭壳肌一起摆在上面出售。这是不讲究的卖法。古人一般会只留闭壳肌，丢掉其他部位，因为其他部位不好吃。李时珍的评语是"腥韧不堪"，聂璜的评语是"麻口而辣"

现在的酒楼、排档里，好像不时兴"江珧""马颊柱"的称呼了，改叫"带子"，糟透了，听上去没有任何肉感，提不起食欲。

聂璜总爱去市场、码头收集《海错图》的素材，周围的渔民都知道有这么一位喜欢海物的书生，有好东西就给他留着。康熙乙卯年（公元1675年）四月四日，福宁州渔民送给聂璜一只"牛角蛏"。聂璜"见之大快"，拿回家仔细观察起来。

他发现，这种贝类"略如马颊柱，而纹各异"，打开壳后，"其肉五色灿然，有两肉钉连其壳，一连于上，近外而小；一连于腹，如柱而大"。这说的是它的前闭壳肌和后闭壳肌。

聂璜想把整个肉质部分画下来，可它们都软趴趴地黏在一起，"层次细微，不能辨"。他想了个好办法，把牛角蛏蒸

《海错图》里的"牛角蛏"图，描绘的是旗江珧。此画既保证了科学性，又富有中国画的美感

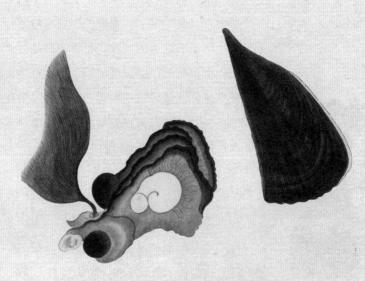

熟，肉就挺立了起来，再把肉剥下，泡在水里观察，避免反光干扰。就这样，聂璜画出了肉质部的样子，真是动脑子了。

画完后，聂璜似乎不太满意，说："其色黄赭浅深相错，虽善画者难绘。"但我觉得他谦虚了。这幅牛角蛏图，我认为是《海错图》贝类部分里最精彩的一幅，可称是科学和艺术的结合。首先，壳和肉画得非常准确，尤其是壳的尖端突然变细这一特征，使人能鉴定到种——江珧科的旗江珧（别名牛角江珧）。前后闭壳肌、外套膜、内脏团也鲜明可辨，最可贵的是，他竟把这堆肉画出了一种中国画特有的美感。实话讲，通观《海错图》全书，聂璜的画技并不是很高。但他在画旗江珧的时候，技能小小爆发了一下，为我们留下了一幅中国古代博物学手绘的经典之作。

1801年，英国人绘制的多棘裂江珧，显示出了其金黄色的足丝。科学有余，但和聂璜的「牛角蛏」相比，少了一些艺术感

海底的丰碑

（四）

在解剖旗江珧时，聂璜最不理解的，就是它的肉上长了一大撮毛："然所最异者，有毛一股，其细如绒而多，似乎漾出。"他如实把这撮毛画了下来，并猜测它的作用是捕食水中的小虫。紧接着又嘀咕：这毛太多太细了，好像也不像抓虫子用的，更像鸟毛，这种贝会不会是某种鸟变化而成的呢？到最后他也没搞明白，干脆"备存其图与说，以俟后有博识者辩之"。

几百年后，博识者出现了，那就是没皮没脸的我。拥有一些基础的现代动物学知识，解答这个疑惑其实很简单。

实际上，聂璜已经发现了一些线索，但他自己没意识到。他说旗江珧的肉体"大约如淡菜"，淡菜就是贻贝，而

半埋在海底、竖立着的江珧，壳上长满了附生物，就像一座丰碑

旗江珧，乃至所有江珧，都属于贻贝目。这个目的一大特征就是拥有一团"足丝"。这些丝有吸附性，是固定身体用的。有的种类把自己固定在礁石上，比如翡翠贻贝；有的种类把自己固定在泥沙中，比如各种江珧。它们把尖的那头直插进海底，足丝牢牢抓住泥沙，宽的那头露出来，一旦固定，就在此处站一辈子，不再移动了。时间一长，壳上长满了藻类、龙介虫，让我想起小学课文里那篇《丰碑》。在江珧密集生长的海域，放眼望去，就是一片"碑林"。

为什么《海错图》里那幅"江瑶柱"图里没有足丝？因为那是聂璜在市场上看到的，足丝已经被商贩拔掉了。其实扔了有点儿可惜。用点儿心的话，足丝也能变成好东西。意大利有用江珧足丝编成纺织品的传统技艺。现在除了几位大妈，已经没人会做了。把足丝搓成丝线，再用香料、柠檬处理，就能发出耀眼的金光。

撒丁岛有一位大妈开了个博物馆，专门展示这种技艺。她的保留节目就是让访客伸出手，闭上眼睛。再睁眼时，手上已经摆着一片江珧足丝织成的布，而你根本感觉不到它是何时摆上去的。其质轻柔如此。

抱团的幼虫

江珧虽好，但现在市面上的"瑶柱"大多不是它，而是扇贝的闭壳肌。二者的鲜品很好区分，江珧的闭壳肌是肾形的，扇贝的闭壳肌是圆形的。回想一下你见过的瑶柱，是不是基本都是圆形的？

海错神品江瑶柱，为什么如今被扇贝抢去了风头？主要

五

原因是江珧很难人工繁育。其实养江珧很容易，宋朝人就会养了。陆游在《老学庵笔记》里说过："江瑶柱有二种，大者江瑶，小者沙瑶。然沙瑶可种，逾年则成江瑶矣。"

这个养法至今都没有什么变化。采来野生的小苗，像插秧一样插在泥沙中，等它们长大。这样养殖，消耗的是野生资源，导致野生江珧越来越少，在市面上越来越失势。要想解决问题，就得人工繁殖。

但江珧的繁殖有一个大难关。它在插入海底之前，是在水中浮游的。一边浮游，一边分泌黏液。在大海中，这无所谓。可在养殖池里，幼虫们会黏在一起，再附着在打氧泵打出的气泡上，浮到水面，形成一层"幼虫膜"，它们无法游动和摄食，最后大量死亡。每次繁育，都卡在这里。

2015年，上海海洋大学找到了两个解决办法。一是降低池子里的幼虫密度，二是用造浪泵造出水流，把黏在一起的幼虫打散。但是这个尝试还停留在实验室阶段。

日本也一直在研究，方法类似：用淋水装置把浮上来的幼虫砸回水里，再搅拌水体，让幼虫上下浮游，避免粘连。但他们在商业化道路上抢先了一步，2017年，他们让幼虫存活率达到了5%，满足商业养殖的标准了。目前，日本已经在多个海湾开展进一步养殖，一旦成功，江珧就能像扇贝一样用吊笼来养，不必再"插秧"，也不必消耗野生资源了。

不论是哪国的成果，对江珧都是好事。在全人工养殖江珧上市前，我们还是先吃扇贝的瑶柱过过瘾吧。

海月亦名海鏡土名蠣盤生海灘間殼
圓而薄色白故以月鏡名其房平坦可
琢以飾窓楞及夾竹作明瓦肉匾小而
味腴薄脆易敗不耐時刻故海濱人得
食無入市賣者按海月殼上嘗有撮嘴
生其上其肉亦嘗有小蟹匿之考類書
海月土名膏葉盤内有小紅蟹如豆海
月饑則蟹出拾食蟹飽歸腹海月亦飽
有捕得海月者海月死小蟹趨出須臾
亦死由是觀之海月與小蟹蓋更相為
命者也又豈特伐喬松而蔦蘿枯芰蔓
草而莵絲姜兆或曰蛤類名蛤蚌類名
蠟蛤並能孕蟹與海月同寄生之蟹又
如是其不一

海月賛

昭明有融是稱海月
暗室借光螢窓映雪

【海月】 暗室借光，萤窗映雪

海中明亮如月的贝壳，被人们镶在窗上。照进屋内的阳光，便加上了大海的滤镜。

海中明月

（一）

海月，是海月蛤科贝类的统称。一个贝壳，何德何能被冠以"海月"之名？看看《海错图》里的这幅画吧。一个圆圆的贝壳轮廓，画了几道同心弧线，涂了淡淡的白色，真和月亮有几分相似。

但如果你见过海月蛤的实物，就会发现一个残酷的事实：聂璜的画工不咋样。聂璜的海月，只是勉强似月。而真实的海月，简直和月亮一模一样：每片壳接近正圆，密布一圈圈生长纹，如同月球上的山脉；壳体呈月白色，又薄又平，薄到可以透光，薄到边缘一碰就碎。

最妙的是，在阳光下，海月可以闪现出云母矿石般的虹彩。而且一层层的生长纹，也和云母的片状晶体相似。正因如此，它还有个别名"云母蛤"。

海月的壳真的很像月亮，还可以透光

绞合部的两根 V 字形脊，是海月蛤科的特征云母矿石可以一片片剥下，每一片都薄而透明，像云。古人据此认为，这种石头可以生出云彩，所以叫它云母。《荆南志》记载，观察山上哪里冒出云气，去那就能挖出云母。讲炼丹的《抱朴子》说，如果吃十年云母，那么你身上就会覆盖云气，因为你「服其母以致其子」了

　　而精致的生长纹，被聂璜简化成了死板的弧线。半透明的云母质感，也只被一层白颜料代替。能感觉到，他试图展示海月的气质，但他的水平只能到这个程度了。

　　不过有一点，聂璜画出了：在贝壳的一端，有三个放射状的尖脊。这是负责绞合两片壳的"绞合部"。一般的双壳纲动物都会在此处有齿状结构，称为"绞合齿"。而海月没有真正的绞合齿，由这放射状的尖脊代替，算是它和其他贝类的一大区别。

　　本来我要给聂璜找找面子，夸他把这一特点画得挺准的。但一细看，他画了三个脊，可现实中海月只有两个脊。好吧，不夸了。

藤壶透露的秘密

聂璜还在旁边画了海月的侧视图，在壳上画了几个藤壶。他在配文中写道："海月壳上常有撮嘴（注：藤壶）生其上。"这个细节其实透露了有趣的信息。

藤壶是一类甲壳动物，喜欢附着在海里的礁石、船底等表面，也附着在活的贝类上。但它有一个原则，不管附在哪，一定要让自己的身体暴露在水里，这样它才能滤食水里的有机物。所以你去观察，凡是深埋在泥沙里生活的贝类（文蛤、蛏子等），都没有藤壶附生。

既然海月的壳上常有藤壶，就说明它必然不是埋在沙里生活的。海月栖息在潮间带和浅海的海底。它的左壳较凸，右壳较平。平时就右壳向下躺在海底沙面上，自然就给藤壶以附生的机会了。

藤壶只会附生在暴露在海水中的贝壳上

豆蟹藏在活贝里的示意图

璅蛣腹蟹

（二）

聂璜还在海月里画了一只小螃蟹，并写道："内有小红蟹如豆，海月饥，则蟹出拾食，蟹饱归腹，海月亦饱。"这让我想起我上本科时，宿舍里有两位舍友。甲去食堂时，乙必然说："帮我带份扬州炒饭。"本科四年，乙几乎没去过食堂，全凭甲带回的扬州炒饭加"老干妈"生存下来。

但据聂璜的记载，小红蟹并不只是海月的"带饭奴隶"，它也需要海月的保护："有捕得海月者，海月死，小蟹趋出，须臾亦死。由是观之，海月与小蟹盖更相为命者也。"

双壳贝类中有蟹寄居，古人其实多有记载。早在晋代，文学家郭璞就在《江赋》里有"璅蛣（音suǒ jié）腹蟹"之说。璅蛣是"长寸余，大者长二三寸"的双壳贝类，具体

蟛蚎腹蟹赞
西山有鸟與鼠同穴
南海有蟹腹於蟛蚎

《海错图》第四册中的「蟛蚎腹蟹」图。一枚绿色的贝中藏着一只豆蟹。当时有「蟛蚎就是海月」的说法，但是聂璜特意在配文第一句写明：「蟛蚎非海月也。」他认为蟛蚎是广东海滨白沙子里的一种「形如蚌，青黑色，长不过二三寸，性最洁，不染泥淖」的贝类。具体是何贝，很难考证。

指向有双线紫蛤、海月等多种说法。其实我认为它是小型海贝的泛指。古人发现，在活体海贝中，常有小蟹藏身。现代人吃贻贝、花蛤时，也能吃出豆子大小的蟹来。

你可能会想到寄居蟹？不对。寄居蟹住在空螺壳里，不是活的双壳贝里。看一下聂璜笔下的这个小红蟹，其实答案很简单，是今天科学上称为"豆蟹科"的螃蟹。

成年的豆蟹只有黄豆大小，它们小时候就钻进贝类的外套膜里藏着。和古人想象的不同，豆蟹和贝类并不是互利关系，仅仅是豆蟹在占便宜。它不会外出给贝类找吃的，而是坐等贝类吸进食物，截获一些自己吃。虽然对贝没什么大影响，但毕竟食物被分走了一部分，所以住着豆蟹的贝类，会比较瘦弱。养贝人都不喜欢豆蟹。

雌性豆蟹步足退化成麻秆腿，身子肥硕，透过壳都能看到满满的生殖腺（蟹黄），已经变成了一个产卵机器，几乎不出贝壳。雄蟹体型就矫健多了，可以爬进爬出，并不会像聂璜所说的爬出来就会死。

科学家曾经纳闷：一个贝里只有一只豆蟹，那雌、雄蟹是怎么相遇交配的？奥克兰大学的研究者前两年拍到了视频。原来到了繁殖的时候，雄蟹就会爬出贝壳，循着雌蟹散发的化学物质，找到藏有雌蟹的贝。然后，雄蟹就花几个小时的时间给贝"挠痒痒"，直到贝张开口让它进去。学者猜测，挠痒痒是为了让贝类习惯这种刺激，以免在蟹钻进去时突然闭壳，把蟹夹死。这个研究只针对大洋洲贻贝里的豆蟹，其他豆蟹是否也这样，还不清楚。

巧的是，我为了拍摄豆蟹，也选择了大洋洲的贻贝。从贝中找到一只豆蟹是需要运气的。我买过好几次、好几种蛤蜊，都没找到。后来一位广州的朋友给我推荐了一家专卖大洋洲进口贻贝的网店，说："我每次买他家贻贝，都能吃出豆蟹。"

我忐忑地买了一包，收到货后震惊了，每只贻贝比我手都长！没见过这么大的。一袋有十几枚贝，我一个一个地把它们煮开口观察，没有，没有……绝望地打开最后一枚贻贝时，一只雄性豆蟹出现了！被煮熟的它，姿势固定在了一螯举起、一螯落下的"太鼓达人"状。我兴奋异常，但又感觉挺对不起它。还是拍下"遗照"，让你的音容笑貌"永垂不朽"吧。

我从贻贝里刮出的豆蟹

蠡壳窗

（四）

《海错图》说海月的肉"扁小而味腴"，小而好吃。但是"薄脆易败"，所以当时海边人得到海月之后就会马上吃掉，没人运到市场上去卖。

可是，海月却以另一种方式大行于世。聂璜写道，海月的壳"可琢以饰窗楞，及夹竹作明瓦"。

对古人来说，用什么东西糊窗户一直是个问题。虽然有窗户纸，但对南方人来说，梅雨天、台风天和虫蛀都能轻易毁掉它。

于是，出现了一种"明瓦"。就是把海月的壳磨成适当的形状，一片片嵌进窗棂里。最简单的是做成井字格的窗棂，每个小方块里嵌一块海月。如果是纹路复杂的花格窗，就要用竹片编成方格，嵌进海月，而且上一片要压住下一片，这样雨水就不会渗进来。这种窗户叫"蠡（音lí）壳窗""蛎壳窗""蚌壳窗"，常常是江南殷实人家的标配。

浙江乌镇的一扇蠡壳窗

海月分很多种，贝壳收藏家何径老师送了我两种，小的是四方海月，略呈方形；大的是鞍海月，弯曲成马鞍形，和我爱人的脸差不多大

在绍兴，明瓦还被用在船上。高级的乌篷船被称为"明瓦船"。周作人在《乌篷船》中有云："在两扇定篷之间放着一扇遮阳，也是半圆的，木作格子，嵌着一片片的小鱼鳞，径约一寸，颇有点透明，略似玻璃而坚韧耐用，这就称为明瓦。"这"小鱼鳞"，其实就是海月的壳。所谓明瓦船，就是在船上设置蠡壳窗，为舱内采光。

根据蠡壳窗的多少，乌篷船还分为"二明瓦""三明瓦""四明瓦"等。鲁迅就清楚地记得他儿时去看迎神赛会时，家里预订了一条"三道明瓦窗的大船"，而且还能把"船椅、饭菜、茶炊、点心盒子"都搬进去。在当时的鲁迅看来，这已经算是"加长版凯迪拉克"了吧。

凡是经历过蠡壳窗时代的人，都对它的印象很好。这源于它独特的滤镜效果。不论外面阳光多么毒辣，经过蠡壳窗后，都是昏昏柔柔的黄光，把室内的一切，变成了褪色的相片。

这种美好，是海月过滤出来的。

撮嘴非螺非蛤而有殼水花凝結而成外殼如
花瓣中又生殼如蚌上尖而下圓採者駁落壞
殼而取其內肉烹煮黃膩醉人此物凡海濱岩
石竹木之上皆生鰌身苔背螺殼蚌房無所
不寄與壯蠣相類故其殼亦可燒灰

張漢逸曰撮嘴初生水花凝結如井欄而殼
中通如蓮花莖欄內又生兩片小殼上尖下
圓肉工有細爪數十開殼伸爪可收潮內
細虫以食

撮嘴贊　一名石乳
有物似嘴無分此彼
到處便覩業根是水

殼內小殼

【撮嘴】 有物似嘴，口吐莲花

这可能是除人类以外，你最容易在海边
遇到的生物了。

像嘴像壶又像乳

判断一个人是不是生物爱好者，可以看他（她）在海边的表现。

一般人到了海边，会待在沙滩的中间，那里的沙子最细腻，可以晒太阳、玩游戏、自拍。而生物爱好者（比如我）会跑到沙滩的边缘，那里布满礁石，附生着各种生物，在我看来，那里比沙滩好玩一万倍。

在礁石上最容易见到的生物，就是本文的主角——藤壶。它们密密地覆盖在石头上，就像一个个微型的火山口。凑近看，真像藤编的小壶。

当然，你也可以把它理解成别的。在《海错图》里，它就有好几个名字：（1）撮嘴，因其像噘起来的嘴。（2）触奶，因其形似乳房。（3）石乳、竹乳，还是因其似乳，长在石头上的就叫石乳，长在竹子上的就叫竹乳。

藤壶不是海洋生物吗？怎么跑到竹子上了？原来，渔民在打鱼、养殖时，常把竹竿插进海里，时间一长，上面就会长藤壶。

《海错图》中的『竹乳』，即长在竹子上的藤壶

竹乳

2017年4月，来厦门出差时，我抽空骑着共享单车去了趟黄厝，专门去拍摄藤壶。那边礁石上的优势物种是纹藤壶，特点是壳上有红色的条纹

这么命名倒是有趣，一听就知道是长在哪里的。但是有个问题：藤壶逮哪儿附在哪儿。聂璜自己也说了："此物凡海滨岩石竹木之上皆生，鲭身（鲸鱼身上）、龟背、螺壳、蚌房，无所不寄。"要照竹乳的命名思路，岂不是还有鲭乳、龟乳、螺乳、蚌乳……不行，不能这么起名了，太瘆得慌。

贴近观察藤壶，你觉得它属于哪类生物？大部分人琢磨一番之后，都会迟疑地把它归为贝类，毕竟它更像海螺一些。

早期的欧洲人也是这么认为的。直到19世纪30年代，他们发现了藤壶的幼体。放到显微镜下一看，竟然是甲壳动物特有的"无节幼虫"！原来藤壶不是贝类，而是甲壳动物，换句话说，它是虾米、螃蟹的亲戚！

进一步观察后，欧洲学者整理出了藤壶的生活史：

起初，无节幼虫有好几条小腿儿，在海里一蹦一蹿地游泳。然后变成腺介幼虫，开始寻找附着的地方。它用第一触角在各种基底上试探性地"行走"，探测表面的粗糙度、光线、化学性质。这很重要，一旦固定，就再也移动不了了，必须慎重选址。一般来说，幼虫喜欢附着在同种的成年藤壶身边，这样最保险。找到合适的地方之后，幼虫就分泌出一种目前人类已知最强力的胶——藤壶胶，把自己黏在基底上，慢慢成年，变成小火山的形状。

西方人费了这么大劲，才搞明白藤壶不是贝类。而比他

藤壶的无节幼虫，有几条长长的「腿」，可以游泳。从它身上，能看出甲壳动物的影子

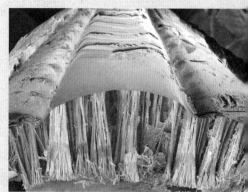

电子显微镜下的藤壶胶

们早200多年的《海错图》中，赫然写着一句："撮嘴，非螺非蛤。"原来这件事早被中国人聂璜发现了？这是我国古代科学的又一成果吗？

我不这么想。这只是聂璜观察藤壶外形后做出的简单猜测。这个猜测是正确的，但聂璜止步于此，没有进一步探究藤壶到底是什么。西方学者虽然和聂璜的结论一样，但他们是用脚踏实地的科学研究证明的，这才有价值。聂璜的结论确实更早，但只是蒙对了而已。《海错图》里充满了这类瞎蒙，蒙十回对一回，没有任何可庆祝的。

所以，我对"当科学家千辛万苦地爬到山顶，古代大师在此已等候多时了"这类话一点儿都不感冒。

达尔文的藤壶先生

（二）

研究藤壶的早期西方学者里，有一个如雷贯耳的名字——达尔文。他完成了那次著名的环球航行后，就回到家里，写出了《物种起源》的初稿。但他没有立刻发表，反而封存了稿子，扭头研究了8年藤壶。

为什么？有人说，他是怕自己的演化论受到社会的抨击。还有人说，他想从藤壶里获得更多演化论的证据。

达尔文对藤壶倾注了巨大的热情，还把自己研究的种类称为"藤壶先生"。在藤壶身上，他果然发现了演化的痕迹：为了适应固着的生活，它们的很多器官已经消失了。而曾经用来游泳的足，变成了取食器官。

几年后，达尔文正式发表了《物种起源》。藤壶作为论据在里面出现了几十次。我们在崇敬达尔文的时候，别忘了顺带向藤壶脱帽致敬。

达尔文在著作《附所有物种图片的蔓足亚纲专著》中使用的插图（部分），描绘的是巨藤壶属的成员

莲花茎，壳中壳

（四）

聂璜的好朋友张汉逸告诉他，藤壶的壳"中通如莲花茎"。我一直不明白这句话的意思。2016年，我在台湾垦丁的海滩上捡到一个"美丽笠藤壶"的空壳，翻过来一看才顿悟：壳壁的截面是蜂窝状的结构，不正和莲花茎的截面类似吗？这种结构既省材料又坚固，能用最小的成本抵抗巨浪的冲击。

聂璜又发现，藤壶的外壳中"又生两片小壳，上尖下圆"。这两片在今天叫作"盖板"，其中一片叫楯板，另一片叫背板。两片板能像嘴一样开合，打开时，就从里面伸出一个"爪子"，在海水里抓一下，又迅速缩回去。聂璜认为，这是在"收潮内细虫以食"。

真让他说对了。这个爪子是好几条附肢组合而成的，这些附肢在小时候是游泳用的"腿"，长大了就变得细长，分成好多好多节，就像藤蔓一样，科学上叫"蔓足"，藤壶也因此被称为"蔓足动物"。

藤壶伸出蔓足，截获水中的食物

翻转这枚垦丁沙滩上的笠藤壶空壳，我才明白「中通如莲花茎」的含义

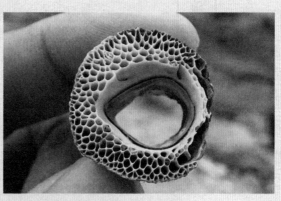

　　蔓足伸出壳时，就像一张扇形小网，能够截住水中的小食物，抓回嘴边吃掉。每种藤壶的抓法还不一样，三角藤壶跟饿死鬼投胎一样，不管有没有食物，都以一秒钟两三次的频率疯狂地抓抓抓。欧洲藤壶就理智多了，一直伸开蔓足不动，直到食物撞上来才收回去。有的藤壶更懒，没感受到强水流的刺激，或者没闻到食物的味道，都懒得伸出蔓足来。

　　生在高潮带（潮间带最上部区域）的藤壶，除了涨大潮以外，一直都暴露在空气中。这样怎么从水里滤食？它们选择了一种听着就累的方法：把蔓足攥成小拳头，时刻准备着。当惊涛拍岸，浪花溅到身上的一刹那，迅速伸开蔓足，在浪花里搂两下，然后缩回去，等待下一朵浪花。

业根非水，自备神鞭

〔五〕

聂璜为藤壶写了一首《撮嘴赞》，文采着实不咋样，我们凑合着看：

> 有物似嘴，
>
> 无分此彼。
>
> 到处便亲，
>
> 业根是水。

最后四字，来源于聂璜的朋友张汉逸。他告诉聂璜，藤壶在初生时，是"水花凝结"而成的。这当然是错的，和其他动物一样，藤壶繁殖后代也得靠精子和卵子的结合。可藤壶不是固定着动不了吗？怎么交配？

大部分藤壶是雌雄同体、异体受精的。哪个藤壶要是想当雄性了，就会伸出一根长管子——交接器。这根管子四处戳周围的藤壶，打算扮演雌性的藤壶就会打开盖板，让它插进来授精。交接器越长，"播种"范围越大，所以藤壶的交接器相当长。如果把交接器看作阴茎的话，藤壶就拥有动物界中比例最长的阴茎，至少有体长的8倍，还有30倍、50倍的说法。

对于那些位置没选好、身边一个同类都没有的孤单藤壶来说，偶尔会用自己的精子让自己的卵子受精。但大部分都会选择孤独一生。

日本东京筑地市场出售的藤壶。藤壶在日本算是小众高级食材，可以用清酒蒸熟，或者做寿司

解闷小鲜

（六）

藤壶在今天的浙江有好多俗名，发音有：触、穷、区、搓、触嘴、区嘴、雀嘴……当地人会念，但不知道写出来是哪个字。其实念念这几个音，都是《海错图》里藤壶的俗名"触奶""撮嘴"的变异读法。

生活在浙江温岭某些县的渔民有一项活动——打区，其实正字是"打触"，也就是采集藤壶。采它干吗？吃啊。

清代人已经开始吃藤壶了。聂璜记下了具体方法："采者敲落环壳而取其肉，烹煮腌醉皆宜。"我没吃过，但是藤壶既然属于甲壳动物，那味道应该和虾蟹差不多。

藤壶外壳锋利，又黏得牢，要想采下来，得拿小铲子铲半天，不小心还容易划破皮。于是，讨海的渔人发明了一种野路子吃法。你藤壶不是不想下来吗？好，你就在礁石上待着别动，我生堆火，直接烤礁石。火燎过的壳，一掰就下来，手指一顶，嘴一吮，冒着泡的肉就滚到了舌头上。不用加盐，肉里饱含的海水就是佐料。

我收集的巨藤壶的空壳，可以当作笔筒

海荔枝贊

山種荔枝

何以生毛

楊妃見笑

貢使無勞

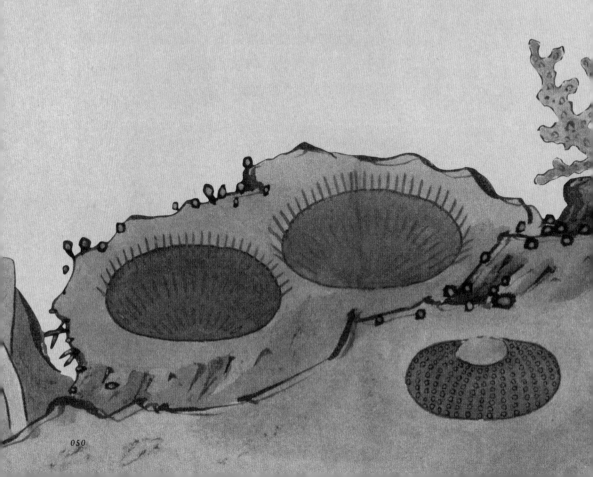

《海错图笔记》

《掌中花园》

《大自然的艺术》

《动物的秘密语言》

《我的好奇心橱柜》

《自然怪咖生活周记》

《自然野趣D.I.Y.》

《自然观察达人养成术》

《婆罗洲雨林野疯狂》

天地之美 / 阅然纸上

微信号

天猫店

【海荔枝】 此种荔枝，何以生毛

海里有长毛的荔枝？是谁丢弃的红毛丹吗？当然不是。提它的另一个名字你就知道了——海胆。

荔
枝
就
是
『
马
粪
』

这幅"海荔枝"图，画的不是被人丢在海里的荔枝，而是一种动物。画中总共有三只，其中一只是死后的空壳："其形如橘，紫黑色，壳上小瘤如粟。"另外两只是活的："活时满壳皆绿刺，如松针而短。"

活着是个刺球，死了刺就脱落，剩下荔枝状的壳，这当然是海胆了。海荔枝这个名字现在已经没人用了。海胆是一个很有趣的特例：一般对于海鲜，内陆人只知其死后的样子，不知其活着的样子，而海胆，内陆人都知道它活着时的样子，真把一个没刺的海胆壳塞给他们，好多人反而不认识了。

《海错图》里画的具体是哪种海胆呢？考虑到"满壳皆绿刺，如松针而短"的特点，最有可能是马粪海胆。这不是我起的侮辱性外号，它的正式中文名就叫马粪海胆。得到这个名字要赖它自己：身材、大小和马粪一样，棘刺绿了吧唧的，很短，杂乱地长着，像极了马粪里没消化的草梗。自己长成这个样子，怨不得别人。

这枚勋章海胆是我珍爱的收藏，非常迷你，间步带区是紫色的，就像古代西方的勋章

马粪海胆的个头、形状、颜色都很像马粪，是最常见的海胆之一

刺掉光的海胆空壳，露出了各种颜色和纹路，是非常好的自然收藏，去海边时可以寻找一下

逆光看海胆壳，透光的「花瓣」部分是步带区，「花瓣」之间的部分是间步带区，

隐藏的花朵

别看海胆是个球，它也分正反面。贴地的那面，叫"口面"，因为嘴长在这一面。冲天的那面，叫"反口面"。海胆分两类，如果肛门长在反口面中央，也就是说，嘴啃地、肛门冲天的，叫"正形海胆"；如果肛门长在壳的边缘或者口面，就叫"歪形海胆"。

我们脑海中的那种正统的海胆都是正形海胆，聂璜画的马粪海胆也属于正形海胆。正形嘛，当然身体就很正了，是很规整的扁球形，身体呈五角星状的辐射对称。

什么？海胆的身体呈五角星状的辐射对称？看不出来啊？看这个需要一点儿技巧。找一个刺已掉光的海胆壳，让它的肛门或者嘴正对你，逆着光看，海胆壳上就会突然显现出一朵五瓣的"花"！

这五瓣叫"步带区"，是由镂空的小孔组成的，可以透光。海胆活着的时候，孔里就会伸出柔软的管足，能够行走、攀爬、抓握食物。步带区之间的不透光区域叫"间步带区"，都是瘤突，硬刺就长在这些瘤突上。这种辐射对称，和它的亲戚海星是一样的。

至于"歪形海胆"，自然就是歪的了。它们的嘴不在身体的正中央，外壳也不是很圆，往往是个扁片儿，刺又短又密。在它们死后，刺脱落干净，外壳就像一块白色的饼干躺在沙滩上，背上有一朵明显的五瓣"花"——还是步带区。

歪形海胆不如正形海胆常见，普通人对它不熟悉。我小时候看到科普书里的"沙钱"（一类歪形海胆）空壳照片时，都不敢相信这真的是海胆，而且怎么也想象不出它长了刺是啥样的。2014年，我去广西合浦考察海草床，走在浅浅的海水里，感觉脚下有扁平的物体。站住不动，等水澄清了一看，原来沙子上到处都是一种歪形海胆！随行的专家告诉我，这是"扁平蛛网海胆"，壳面上有蛛网一样的纹路，但活着时被刺盖住，看不出来。

我捡起一只捧在手上，终于可以细细观察歪形海胆长刺时的样子了：与其说是刺，不如说是毛。每根刺也就1毫米长，在身体上铺成一层，茸茸的，一点儿都不扎手，可爱极了。

观察之后，我把它放回水里。它不动声色地用那些刺走路，贴在沙面上爬远了，像一个扫地机器人。

广西合浦海中的扁平蛛网海胆，沐浴着初升的阳光。那天我们起得太早了，我是在半梦半醒中拍下这张照片的

歪形海胆里有很多身体扁平的成员，它们的空壳就像硬币，西方人把它们统称为"沙钱"（sand doller）。在台湾野柳，我发现这里的岩石上四处都镶嵌着沙钱的化石

梅氏长海胆的体内好似有光射出，其实是它体色造成的错觉。它一生都躲在自己挖的洞里

自信的刺和不自信的刺

（三）

说回我们熟悉的正形海胆。它们的刺普遍较长，让人不敢上手摸。有的海胆刺上有毒，确实不能摸；有的没毒，可以放心地托在手上，只要不用力捏就没事。

没毒的海胆好像比较屄，至少我见过的是这样。在中国台湾和泰国的潮间带，我遇到过几只"梅氏长海胆"。它有很黑的壳，很粗的白刺（有时发红），好认。每一个梅氏长海胆都躲在珊瑚礁上的一个洞里，这个洞往往跟它们的身体大小刚刚吻合，像量身打造的一样。实际上，这个洞就是海胆自己挖的。它们从小就开始挖，一边分泌出酸，把珊瑚礁的碳酸钙腐蚀酥软，一边用自己的刺来挖。等它长大了，洞也挖成了。

梅氏长海胆几乎一生都宅在自己的洞里，吃着海水推进来的食物，满意地摆动着尖端已经磨秃了的刺，就像一位浑身带着管制刀具的男人，没有选择横行乡里，而是用这些刀挖了个地窖钻进去，看电视，吃薯片……

另一种没毒的海胆，是"白棘三裂海胆"。它的刺红、黑、白相间，特别好看，俗称"花胆"。它倒是敢到处爬，不像梅氏长海胆那样龟缩。可它的厾法是另一种。它会把海藻、沙子、碎珊瑚背在身上。我爱人怀孕时，我定期带她去一家医院检查。医院大厅里摆着一个海水珊瑚缸，里面就有一只白棘三裂海胆。等待叫号的时候，我都会观察它。每次它身上都背着东西，而且每次的东西都有更新。

海胆背垃圾的原因，至今没有定论。科学家提出了几种假说，有防卫捕食者说、防止脱水说、遮挡风浪泥沙说、抵抗阳光辐射说等。你看看，不是保水就是护肤，要么就是遮阳，您可是个海胆哎，不要这么"娘"好不好？

有毒的海胆就狂多了。在泰国丽贝岛浮潜时，我遇到过一种"刺冠海胆"。它的刺极长，是身体的两三倍，向四面八方伸开，好像生怕扎不到人。而且数量极多，密度大的地

在泰国丽贝岛，我小心地靠近这些刺冠海胆，拍下了它们狂妄的样子

这只海胆不但背负了各种垃圾，还背上了一只同类的空壳

方能铺满海底，个个不藏不躲，大模大样地在海底散步。当时是退潮，海水很浅，我浮在海面，从它们"上空"掠过，俯视着它们，肚子离那些漆黑的刺只有很短的距离。海胆们感受到我带来的波动，纷纷把刺调整方向，一齐对准我。当时，我想起了聂璜描述"海荔枝"的话："其刺皆垂，见人则竖。"

这么狂的海胆，当然有毒啦。刺冠海胆的毒性不小，一旦中招，有如火烧。而且刺上有倒钩，扎入皮肤后就断在里面，想挑出来是万难的，而且越挑越肿。只要没有严重的过敏反应，最好不要去抠，当地人的办法是用鞋底拍打伤口，把刺拍碎，然后不去管它，几天后，刺周围的皮肤会变硬，然后刺会神秘消失，可能是分解掉了。短则一周，长则一月，硬化的皮肤就会恢复弹性。

海带的对头

（四）

很少有人见过海胆吃东西，因为它的嘴在身体下方，挡着看不见。但如果打开它的壳，一个精巧的咀嚼器官就展现出来了。它由几十块小骨组成，很有机械感，像一个精致的提灯。亚里士多德曾经在《动物志》里描述过它的结构，所以这个部位今天被称作"亚里士多德提灯"，分类学上简称"亚氏提灯"或"提灯"。提灯连着5个齿，平时齿露在外面，可以咀嚼食物，要是吃来劲了，提灯也会伸出来。

海胆的食性各有不同。像马粪海胆，就爱吃海带。以前养海带的人很头疼海胆，见到必除之。没想到，后来海胆成了更受追捧的海鲜，大家又开始专门养海胆。刚孵出来的幼体一点儿都不像海胆，在水中浮游。把它在水槽里养到小刺球的样子之后，就放到浅海散养。养殖户在浅海挖几条大沟，让沟壁上长满海带，供海胆啃食。风水轮流转，海带就这样从被保护的宝宝变成了饲料。

海胆的幼体是两侧对称的，一点儿都不像海胆

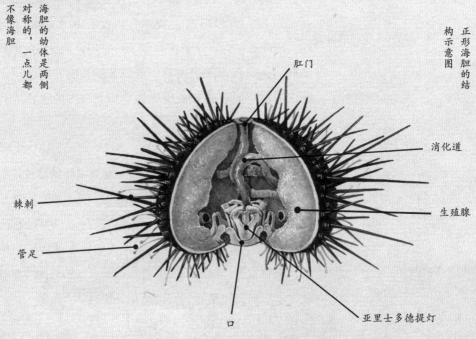

正形海胆的结构示意图

- 肛门
- 消化道
- 生殖腺
- 亚里士多德提灯
- 口
- 管足
- 辣刺

058

一只膏黄满溢的海胆。注意，两半壳中央的那个白色器官就是『亚里士多德提灯』

脂肪和氨基酸的陷阱

（五）

聂璜说海胆"内有一肉可食"，其实不止一肉。所谓肉，其实是生殖腺，叫"黄"更合适。歪形海胆有2~4个生殖腺，但太小，没人吃。能吃的都是正形海胆，每个都有5个生殖腺，不论公母。所以说，买海胆不用像买螃蟹那样挑，直接买就好了，个个都有黄。至于公母的黄有何不同，据说是公黄色浅，母黄色深，公黄更硬挺，母黄易瘫软。但在我看来这些都是玄学，我是分不出的。

中国人吃海胆，流行"海胆蒸蛋"，把蛋液倒进海胆壳，蒸成蛋羹。我吃过一次，并不认可，海胆微弱的味道全被鸡蛋盖住了。海胆黄还是要生吃，而且不能加任何调料，感受那种脂肪和呈味氨基酸混合出的满足。

几年前的一次聚会上，有位卖海鲜的大连朋友用干冰包来几盒海胆黄。它们来自马粪海胆，整齐地在盒子中躺好，金灿灿的。饭局结束后，还剩两盒，大家怂恿我把它消灭掉。已经撑到不行的我，硬着头皮拿过来吃，竟然快乐地吃光了。在饱足之后还觉得好吃的东西，才是真的好吃。就算名字再糟糕，都无法影响对它的食欲。

珠蚌贊

蚌為珠母月是蚌天

奇珍毓孕豈曰偶然

【珠蚌】珍珠之母，与月同辉

广西合浦的海中，有几个隐秘的『珠池』，珍珠贝在里面静静地躺着，等待着月圆之夜。

中国最有名的珍珠，在版图的最北端和最南端。

珠出合浦

北有东三省大江里的"东珠"，南有广西合浦大海中的"南珠"。《海错图》中这张"珠蚌图"里画的，就是合浦的珍珠。

汉朝时，合浦面积超级大。汉武帝设置的合浦郡，包含了今天广西、广东好大一片地方，甚至整个海南岛也是它的。这个郡坐拥半个北部湾，而北部湾正是珍珠的热点产地。所以，合浦珍珠在汉朝就名声在外了。

明清时，合浦已经缩成了一个县的名字，属于廉州府管辖。虽然很多海域在行政上已不属合浦县，但百姓依然按汉朝习惯，把北部湾出产的珍珠都称作"合浦珠"。

南海珠池

聂璜引用《廉州府志》的记载，说廉州府城东南八十里，有一片叫"珠母海"的海域，海中有几个"珠池"，珍珠就藏在这里。

聂璜说珠池有三个：平江池、杨梅池、青婴池。其实不止。今人考证出了七大珠池：平江池（今北海南康石头埠海域）、杨梅池（今北海福成东面海域）、青婴池（今北海龙潭至合浦西村海域）、白龙池（今北海营盘镇白龙海域）、乌泥池（今广东廉江市凌录至合浦英罗海域）、断望池（今北海兴港镇北暮至营盘镇婆围海域）、永安池（今合浦山口镇永安海面）。

这些都是渔民几千年来摸索出的珠蚌密集海区。看看地图，它们都位于平静的海湾，风浪小，还有河流注入，带来了营养，正适合贝类生长。

唐代的《岭表录异》说："廉州海中有洲岛，岛上有大池，谓之珠池……池虽在海上，而人疑其底与海通，池水乃淡。"把珠池说成岛上的淡水池塘，这是望名生义。其实珠池只是对大海中珠蚌聚集区的一种比喻，不是真有个池塘。

不过有些珠池，比如乌泥池，在落潮时会露出一些弧形的沙洲，像是池塘的边缘，这样看来，宋人的《岭外代答》中所说"海上珠池若城郭然"倒是言出有据。

刚从海中采到的珠母贝

生死采珠

（三）

"官禁民采珠"，是《海错图》里看似随意却很重要的一句话。最好的产珠地往往被朝廷控制，比如明洪武年间，白龙池旁建起了一座"白龙城"，除了海防的作用外，更重要的是监管珍珠的采集，进贡到宫里。当年这座城的采珠业火热到什么程度？一个细节可以看出：城墙里掺杂了大量的珍珠蚌碎片。这是一座真正的珍珠城。

坐拥海量珍珠，当地百姓却不能名正言顺地拥有它们。明的不行，走暗的。"合浦民善游水采珠……巧于盗者蹲伏水底，剖蚌得好珠，吞而出。"

听上去很简单，实际情况惊险至极。比《海错图》早60多年问世的《天工开物》里，记载了那些用生命采珠的往事。

农历三月，渔户先极恭敬地祭祀海神，然后登上采珠船。这种船比普通船宽，上有好多草席。经过海面漩涡时，把草席扔到海上，压住浪，稳住船，如果船最终没有翻，那么就度过了第一劫。

到了珠池，采珠人用长绳系腰，拿着篮子跳进水里。水特别深，"极深者至四五百尺（一百多米）"，憋一口气的话肯定回不来。所以他们研制了一种呼吸管：用锡做成弯环长管，一端露出海面，另一端罩住口鼻，用皮带缠紧在耳颈之间，防止漏水。

《天工开物》里的明朝人采珠图

含着管子到达海底，赶紧捡蚌进篮。一旦呼吸困难，就拽绳子，让船上的人拉他上去。寒冷的水底让人体温过低，所以一出水就要赶紧用煮热的毛毯盖住采珠人，稍迟一刻就会冻死。

冻死算好的，至少有全尸，遇到鲨鱼那就一点儿办法都没有了。据《岭外代答》载，船上的人若是看到"一缕之血浮于水面"，就会"恸哭，知其已葬鱼腹也！"

河珠海珠

（四）

珍珠分海水珠和淡水珠，海水珠由大珠母贝、马氏珠母贝等莺蛤科贝类出产。淡水珠则由三角帆蚌等蚌科贝类出产。产珠的原理都一样，都是异物进入壳肉后，贝类为了保护自己，一层层分泌珍珠质包住异物而产生的。

合浦珍珠是海水珠，而聂璜的一句略带自豪的"吾乡湖郡尤善产珠"，说的是淡水珠，因为聂璜是浙江人，那里河湖密布，适合淡水珍珠贝生长。今天中国最大的淡水珍珠养殖地，就在浙江的诸暨。

淡水贝可以产几十颗珍珠（右），海水贝只能产一两颗珍珠（左）

另类珠母

五

能产珍珠的动物，当然就是珍珠的妈妈，也即"珠母"。据聂璜自己的经验，珠母有多种，除了经典的产珠贝类，其他螺类、蚶类也能产珠，而且"淡菜（贻贝）中之珠尤多"。可知他在吃淡菜时一定没少硌牙。

如今网络上也经常出现"在贻贝、牡蛎里吃到珍珠"的新闻。珍珠本来就不是珍珠贝的专利，砗磲、椰子涡螺、唐冠螺、扇贝都能产珠，在市场上以"美乐珠""孔克珠"等名字流通。虽不是主流珍珠，但也有一批小众爱好者，品质好的话，比正经的珍珠还要贵。

我觉得这些另类珍珠更有趣，它们往往是橙黄、粉红之类跳脱的颜色，表面还有繁复精彩的火焰纹。似乎没有高贵的身份压着，就可以长得恣意一些。

福建惠安渔民从椰子涡螺里吃出来的美乐珠

种珠秘术

（六）

珍珠之珍，在于它的偶然性。一百个野生珠蚌，不见得剖出一枚珠。就算有，也常是歪瓜裂枣，能得到一枚正圆、光泽好、无瑕疵的，太难了。

但据聂璜透露，他那个年代已经有了一种"种珠"术，像种菜一样种珍珠。"其初甚秘，今则遍地皆是矣"。

具体方法他也披露了："取大蚌房及荔枝蚌房之最厚者，剖而琢之，为半粒圆珠状，启闭口活蚌嵌入之，仍养于活水，日久，其所嵌假珠吸粘蚌房，逾一载，胎肉磨贴，俨然如生。"把厚贝壳雕成的珠子塞进活蚌，让它长成珍珠，说明中国人早就掌握了珍珠形成的原理。

那么问题来了，反正已经种了，为什么还要种"半粒圆珠状"，不是整粒圆珠？

中国古人早就掌握了种珠术，还会植入佛像形状的珠核，让珍珠变成佛像状

一位叫"何拙手"（啥名儿啊这是）的人告诉聂璜，种珠人不是不想种圆珠，他们种过，种完了养在水盆里观察，发现蚌一开盖活动，珠子就"圆活不定，随水滚出"。所以才改作半圆珠，这才"乃得依附，日久竟不摇动，而且与老房磨成一片"。

珍珠都是圆的，半圆的珠子卖得出去吗？别替古人操心。他们经常把珍珠劈成两半，镶嵌在刀柄、马鞍上，这半圆的珠子还省得劈了。镶好后再用宝石一装饰，根本看不出来。

第一批种珠的人，用种出来的珠子冒充野生珍珠卖，"多获大利，事此者常起家焉"。后来大量种珠人涌入这个有前途的行业，"乡村城市无地非种珠矣"。大街小巷卖的全是种出来的珍珠，反而见不到野生珠了。

植入半粒珠核形成
的「马贝珠」

聂璜对此痛心疾首，大叹人心不古。他认为，珍珠是至宝，理应稀有而不泛滥，"滥则不成其为宝矣"。现在满大街都是珍珠，成何体统！他越写越激动，最后竟站在珠蚌的角度着起急来，说："老蚌有知，必破浪翻波而起！"

要不说文人迂腐呢，把美丽的珍珠变得更多，更平价，有何不可？非得贵到连你都买不起就高兴了？聂璜要是活到今天，非得气疯了不可：人心已经在不古的道路上一路狂飙，现在世界上的珍珠基本全是种出来的，而且方法和古人几乎一模一样。

具体来说，今天海水珠的种法就是像聂璜说的那样，把厚的贝壳切成方块，再磨成圆球状的"珠核"（不是半圆，今天的技术进步了，可以种圆珠了），用机器把蚌壳撑开一道缝，把珠核塞进蚌肉，再剪一小片其他蚌的外套膜贴在核上，然后扔进海里养。一个海水贝最多只能种2个珠，再多，贝就要难受得死掉了，所以海水珍珠的产量很低，但好处在于种出来的珠非常圆，因为核是圆的嘛。

很多人以为海水珠的珠核是砂粒大的一点，然后一层层裹成个大珍珠，其实不是。珠核本身相当大，和珍珠差不多大，只需在珠核表面裹上薄薄一层珍珠质就可以拿出来卖了。所以海水珠虽然圆整漂亮，但大部分成分是贝壳，只有表层是珍珠。

淡水珠则是这么种的：种进去的不是贝壳球，而是"小肉片"——宰一个珍珠贝，把它的外套膜切成米粒大小，再植入其他贝中就行了，不用放珠核。这些小肉片没有珠核那么硌得慌，珍珠贝容易接受，所以能多种些，一个淡水贝里能放30个左右的小片，长出30颗左右的珍珠。小肉片形状不规则，所以长出来的珍珠也少有正圆的，但由于没核，所以整个珍珠全是珍珠质（小肉片在生长中消失了），比海水珠实在一些。

总之，海水珠有核，淡水珠无核。

国内有个公司成功研究出了淡水有核珍珠，称为"爱迪生珠"，凭这个名字也能看出，是珠宝界的大发明了。但认这个的人还不是很多。

聂璜说的那种半圆形的珍珠，今人也会种，被称为"马贝珠"。传统上，一个贝只能取一次珠，暴力地劈壳取珠，取完了，贝也死了。现在人们可以小心地把壳打开一个缝，取出珍珠，植入珠核，再养一次，二次利用。此时珠贝身子骨太虚，植入圆核会死，于是就植入半圆的核，养出半圆的马贝珠。虽然只有一半，但它的光泽往往比一般珍珠好，有人专爱它。

在淡水贝里种珠，是把外套膜小片（玻璃上的白色片状物）放入活蚌体内

在海水贝里种珠，是把贝壳磨成的珠核塞进活的珠母贝体内

月夜珠光

（七）

扬州八怪之一的金农画过一幅诡异的画——《月华图》。整幅画只有一个月亮在那儿发光，看不懂，但感觉好厉害的样子。此画被捧到很高的位置，甚至有人将它和凡·高的《星空》相提并论，说它充满现代艺术感，前不见古人，后不见来者。

粗鄙如我，其实觉得《海错图》里的这幅珠蚌图，就挺像《月华图》的，甚至比《月华图》高级一点儿。因为同样是月亮，《月华图》下面啥都没有，海错图就多了两个珍珠蚌，张着大嘴发出两道金光，直射月亮。把这幅画单拎出来看的话，诡异程度远超《月华图》。

这幅画描绘的场景，是中国的珍珠传说里最美丽的一个：

"合浦之海，中秋有月则多珠。每月夜，蚌皆放光与月，其辉黄绿色，廉乡之人多有能见之者。"

珍珠的光泽，绝似月光。所以古人想象，一定是它在月圆之夜吸收了月亮的光华，同时自己也在海底发光回应。

这不是真的，但我真希望它是真的，因为珍珠的其他故事，个个都称不上美好。

1.《汉书·孟尝传》记载，汉朝地方官强迫渔民无节制地滥采珍珠，使合浦珠贝消失，只剩交趾（今越南）还有残存，史称"珠逃交趾"。后来孟尝到任，修改政策，保护珠蚌，这才逐渐恢复了资源，史称"合浦珠还"。

2. 明朝皇帝派太监在合浦白龙城监督采珠，逼死了无数渔民后，终于得到宝珠，太监高兴地带着珠子进贡，可刚

景区常见的"现场开蚌取珠"，都是淡水珍珠。虽然货真，但一个蚌里大部分都是低档珍珠，进货价一颗几毛钱，摊主会以一颗几块钱卖给你

菲律宾巴拉望岛海域，出产世界顶级的金色海水珍珠。要达到这样的品质，洁净的海水、优秀的育种、科学的养殖、严格的筛选，缺一不可

"珍珠之王"御木本幸吉雕像，手里拿着天皇赐给他的手杖

到附近的杨梅岭，珠子就消失了。太监命令渔民再去捞，又获一枚。这次他把大腿割开，放进珠子，将伤口合拢（民间传说"活珠藏嵌股内，能令肉合"），再次上路，走到杨梅岭，珠子竟冲破皮肉飞回大海，太监绝望自杀。

3. 到清末时，两千年的捕捞已经使合浦的马氏珠母贝种群退化，名存实亡。日本人御木本幸吉从合浦采集珠贝回国研究，1905年，成功改进了中国的种珠术，种出了世界上第一颗正圆形的养殖珍珠，被称为"珍珠之王"，轰动全球。天皇亲自表彰他，赐其一杆手杖。日本人把马氏珠母贝选育得又大又壮，严控珍珠的质量，到了20世纪60年代，日本成了生产珍珠最多的国家，珍珠质量有口皆碑。

1958年，中国政府终于在合浦建立了第一个现代意义上的海水珍珠养殖场。

七鱗龜贊
九孔八足
徧知螺蠏
七鱗名龜
獨稱閩海

【七鳞龟】 吸粘海石，名七实八

似龟非龟，似螺非螺，吸力强劲，口有磁铁。七鳞龟就是这样一种诡异的存在。

青岛海边的红条毛肤石鳖，最上面的是它的尾板，明显小于其他壳板

大概是不识数

一

三只鞋底子状生物趴在礁石上，每个生物的背脊上都有一排大鳞片。这就是《海错图》里的"七鳞龟"。数一数，还真是七个鳞片。聂璜说七鳞龟"生岛碛（音qì，指浅水中的沙石）间，背甲连缀七片，绿色"。

这玩意不是真的龟，而是海边礁石上常见的软体动物——石鳖。如果有幸见到真的石鳖，可以数一数它的背甲，你会发现一件事：明明是八片！说好的七鳞龟呢？

考虑到聂璜说七鳞龟是绿色的，中国最常见的、体色发绿的石鳖，就是"红条毛肤石鳖"了。这种石鳖的最后一块背板明显小于其他背板，难道聂璜没把它算进去？可虽然小，也是没藏没掖，一眼可见啊。算了，不给他找理由了，我看他就是不识数。

原始的贝类

二

石鳖属于多板纲，在软体动物里是很原始的。软体动物的祖先本来是没有壳的，后来在背上长出了简单的壳。然后壳越来越复杂，有的打着卷长，变成了螺，有的长成两片，变成了蛤蜊。

了解了这些，再看石鳖，就能感受其原始了。它的壳就是简简单单地排在后背上，没什么特化，而且连身体都没能完全覆盖，露出了一圈"裙边"，科学上叫"环带"。翻过来看肚皮，一头是口，另一头是肛门，中间是足，两边是鳃，端端正正，合情合理。比起那些为了适应变形的壳不惜扭曲内脏的海螺，石鳖确实是原始的、纯粹的、脱离了"高级趣味"的。

石鳖的结构

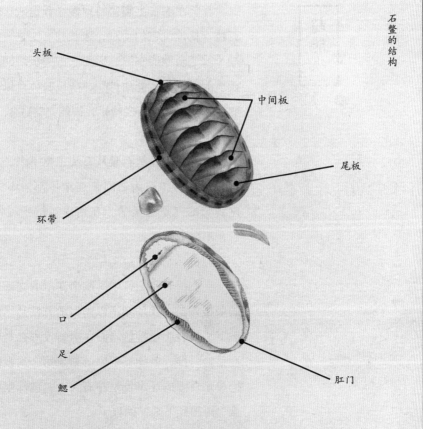

头板

中间板

尾板

环带

口

足

鳃

肛门

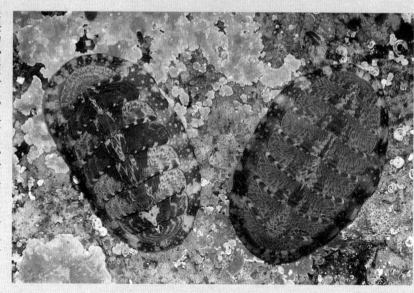

石鳖的色型非常多。这两只北红石鳖虽然是同一种类，生活在同一区域，但体色差异极大

超能吸
（二）

石鳖在礁石上爬得特别慢，我这些年在海边也见了一些石鳖，就没见它们动过，跟长在石头上一样。虽然慢，但它是一款"全地形车"，因为它的壳板之间是可以活动的，用聂璜的话讲，"能屈伸"，所以身体可以随着石头的凹凸改变形状，不管石头多崎岖，都能完美贴合。

我曾经试过把石鳖从石头上抠下来，屡试屡败。它吸得太紧了，肉和石头之间，连指甲都插不进去。抠的时候能感到它的肉是绷紧的，在用力对抗我。到最后我都心疼它了，不得不放弃。

后来，看到一篇中科院海洋所的文章，里面介绍了石鳖的采集方法，我才知道以前用的方法是错的。石鳖在放松状态下，只有腹足接触岩石，吸得没那么紧。趁这会儿，从侧面猛地一推，就能弄下来。如果第一次没推下来，它就立刻把腹足外围的环带也贴在石头上，就像吸盘外面又加了个吸盘，再想弄下来，就难了。

磁性的小嘴

（四）

石鳖的食物是石头上的藻类。它用嘴里的"齿舌"把藻刮下来。齿舌就像一个长满了小细牙的舌头。天天在石头上刮，这得多伤牙啊？

别替它担心，石鳖的牙齿分三种：中央齿、缘齿和主侧齿。前两种是角质的，比较小。啃藻主力是第三种——主侧齿，它就厉害了，是铁做的！而且还是磁铁！

20世纪60年代，生物学家开始研究石鳖的齿舌。齿舌就像一条传送带，最外端是成熟的齿，啃藻就用它。最内端是刚生成的齿，很幼嫩。成熟齿不断磨损脱落，后面的新齿不断地被推到前面来，接替前辈的工作。

所以，在一条齿舌上，能同时看到牙齿生长的各个阶段。拿主侧齿来说：

刚生成的齿，是有机物搭成的"框架"，无色或呈黄色。

然后，表层逐渐覆盖一层水铁矿，变成红褐色。

接下来，覆盖上磁铁矿，变成黑色。别忘了，这时牙齿还是空心的。

最后一个步骤，是在内部填满磷灰石、纤铁矿或水铁矿。这时，牙齿才算生长成熟。每颗成熟的主侧齿，都是一颗铁齿！

像这类由生物生成的无机矿物，叫"生物矿物"。石鳖牙齿是目前发现的所有生物矿物中硬度和韧性最高的，比人类的牙釉质还结实三倍多。就问你怕不怕？

矿化程度

石鳌齿舌上的齿，会随着生长不断矿化，覆盖上磁铁

石鳌齿具有自锋利特性，即使磨损，顶端也是尖锐的

磨损前　　　磨损后

斯特勒氏隐石鳌的壳板就像一只只蝴蝶。石鳌死后，壳板被浪打散，冲到沙滩上，被西方人称为「蝴蝶贝」（butterfly shells）

　　还有更可怕的：石鳌齿还有"自锋利"特性。也就是说，不管怎么磨损，其顶端都是锋利的！

　　在电子显微镜下，可以找到原因。首先，每颗齿的背面由粗壮的纳米柱组成，啃藻时，这部分和石头表面平行，很容易剥落。而齿的腹面是片层结构，啃藻时垂直于石头表面，不易剥落。而且，腹面的硬度也远远高于背部，这就导致腹面磨得慢，背面磨得块，所以，不管齿被磨得多小，顶端一直是尖的。

　　生物体内有磁铁，并不新鲜。继石鳌之后，科学家又从趋磁细菌、蜜蜂、鲑鱼、鸽子甚至人的脑里发现过磁铁颗粒。这些磁铁有什么用？至少蜜蜂、鸽子可以用它判断方向，但石鳌好像用不着分清东西南北啊。有人说，磁铁可以让牙齿更硬，利于取食。也有人说，石鳌是把体内过多的铁堆积在齿舌上，通过摩擦来去除。真正的原因，目前还不清楚。

海错图笔记 贰

第一章 介部

鲍鱼模仿者

（五）

几年前，有网友发给我一张图，是一盘子黑疙瘩一样的东西。他是当"小鲍鱼干"买回来的，但怎么看怎么不像。我一看，就是石鳖嘛，背上的壳板还在呢。

不法商贩会用石鳖干冒充鲍鱼干，但能上当的也都是大外行。但凡见过鲍鱼的，都不会把它和石鳖搞混。且不说带壳板的石鳖，就算把壳板拔了，也会留下八个深深的坑，哪个鲍鱼会长成这样！

万一你真上当买了石鳖，不要紧，也是能吃的。聂璜就写道，清代沿海人的吃法是"剔去皮甲，其肉为羹，味清"。我是没吃过，据身边吃过的人讲，就和一般的螺肉差不多，无甚特别。

在日本，石鳖叫"火皿贝"，也是一种食物，但不太受欢迎。做法是拔掉壳板，洗干净沙子（石鳖的环带里藏着一堆沙子，不好好洗的话没法吃），然后下水汆个一两分钟就捞上来。

我在日本买过一本料理书，里面有一页是关于石鳖的。在介绍完做法后，作者写道："刚吃起来很硬，但多嚼一会儿，居然很美味。"什么叫居然啊？对它的期望是有多低？石鳖有灵，会在肚子里骂街的！

瑇瑁彙苑註曰狀如龜背負十二葉產南
當海洋深慶白多黑少者價高大者不可
得新官瘧任漁人必攜一二來獻皆小者
耳取用時心懸其身以滾醋潑之逐片
應手而落但不老則其皮薄不堪用本草
云大者如盤入藥須用生者乃靈帶之
則不能神矣昔唐嗣薛王鎮南海海人有
獻生瑇瑁者王令揭背上甲一小片繫於
左臂其揭慶後復生還令人多用雜龜筒
作器即生者亦不易得又有一種龜龍亦
瑇瑁之類其形如笠四足無指其甲上有
黑珠文彩但薄而色淺不堪作器謂之龜
皮不入藥用字彙引張字節註曰一說雄
曰瑇瑁雌曰觜蠵粵志廣州瓊廉皆產華
曩考註瑇瑁身類龜首如鸚鵡足前四
足有爪後二足無爪安南占城藩祿瓜哇
諸國皆產考之羣書瑇瑁之說可謂備矣

　瑇瑁贊
本是龜體惡其形儀
脈色改裝是名瑇瑁

080

【瑇瑁】 鹰嘴神龟，背负孽缘

鹰嘴，龟身，六足，这就是《海错图》里的瑇瑁。它的另一个名字我们更熟悉：玳瑁。

鹦鹉嘴海龟

（一）

《海错图》里有好几种龟的画像，但这张的龟嘴有点儿不一样，尖锐弯曲，像鹦鹉嘴。此龟古名"瑇瑁"，如今它的写法是"玳瑁"，是一种海龟。

这个鹦鹉嘴，画出了玳瑁最明显的特征。在现存的所有海龟中，玳瑁的嘴是最突出、最尖锐的，一眼就能和其他海龟区分开来。聂璜引用了《华彝考》的注解："瑇瑁，身类龟，首如鹦鹉。六足，前四足有爪，后二足无爪。"

等会儿，第一句没问题，第二句咋回事？玳瑁有六条腿？那不成昆虫了？谁知聂璜真信了，它认真地给玳瑁画了六条腿，而且当他看到《本草》中说玳瑁有四条腿时，还批评这是"未深考其形状"。搞笑啊！未深考的是你自己好吗？

瑇瑁

此者未親見只寄昌而載
隔欧波人藏魚毛永亀額
傳戴已

天保七丙甲孟春
丑旦寫

日本江户时代的《梅园介谱》中，也有一张玳瑁的画像，并且也和《海错图》一样，将玳瑁写作「瑇瑁」。但是画得比《海错图》里的好多了不管玳瑁还是瑇瑁，都是很奇怪的名字。为什么要给一种海龟起这种名字？

秦汉时代，人们更多使用的是瑇瑁、毒冒。比如《史记·货殖列传》："江南出楠、梓……瑇瑁。"《汉书·司马相如传》："神龟蛟鼍，毒冒鳖鼋。"唐朝人颜师古给"毒冒"注解："毒，音'代'。"毒和代的古音相同，所以毒冒、瑇瑁后来被写成了玳瑁。

那么瑇瑁又是什么意思？李时珍在《本草纲目》中说："（瑇瑁）其功解毒，毒物之所冒嫉者，故名。"冒嫉是嫉妒的意思，古人认为玳瑁可以解毒，所以按李时珍的理解，瑇瑁就是"毒物所嫉妒的东西"之意。

我认为，这种解释属于语言学里的"俗词源"，即把一个难以解释的词强行赋予含义，推导出错误的词源，说白了就是"强行解释"。李时珍特爱干这种事，尤其是解释外来音译词的时候。比如，"琥珀"的词源，就被李时珍解读成"虎死，则精魂入地化为石，此物状似之，故谓之虎魄。俗文从玉，以其类玉也"。其实，今天语言学家已经考证出，琥珀是一个外来音译词，可能是突厥语的xubix，也可能是叙利亚语的hakpax，还可能是中古波斯语（倍利维语）的kahrupai。李时珍那种望文生义的解读，当然就错了。

玳瑁、瑇瑁与琥珀、葡萄等外来音译词一样，单个字拿出来没有含义，必须两个字组成固定搭配才行，这是外来音译词的一个特点。所以，玳瑁会不会也是个外来音译词呢？我查了很多语言学的论文，发现果然是！学界普遍认为，"玳瑁、毒冒、瑇瑁"是对某种外语词的直接音译，但这个音译出现得太早，先秦的《逸周书》里就有了，很难追溯，目前没人能确认它来自哪种外语。

总之，它一定是某个未知的南方民族对这种海龟的称呼。玳瑁生活在南海、东南亚一带，这个音译会不会来自当地民族的语言呢？比如泰语里，龟的发音就是"Tao"，近似"玳"。这只是我自己的猜测，真相如何，要等语言学家的进一步研究了。

『活血』和『死血』

（三）

外边镶玳瑁的眼镜架。玳瑁是有机物，保存得再好也会慢慢分解，所以存世的玳瑁制品中，没有年代太早的，几乎全是清朝的

起初，玳瑁的壳只是装饰品。到了唐代，它被赋予了一个新功能——解毒。《岭表录异》记载了一件玄乎事：唐代有一位嗣薛王，镇守南方。百姓送来一头活的玳瑁，他命人从背甲上揭下一小片，系在左臂上，遇到有毒的饮食，背甲就会自己摇动。坊间传说，只有从活的玳瑁上取下的甲，才有这种效果，死后再取就不行了。

玳瑁在文玩界也有"活血""死血"的区别。据说活剥下来的背甲色彩鲜艳，是为"活血"；死后剥下来的颜色暗沉，是为"死血"。

这些流言使玳瑁有了一种壮烈的死法。聂璜写道，渔民抓到玳瑁后，"必倒悬其身，以滚醋泼之，逐片应手而落"。既活着取甲了，又能让甲片自然分离，你说这是谁想的主意？怎么这么有才呢？这种人应该派到朝廷特务机关开发酷刑。

对于用玳瑁解毒的古人，我想告诉他们一件事：玳瑁是海龟中唯一以海绵为主食的，它食谱里的很多海绵是有毒的，导致玳瑁本身也带毒。2010年，太平洋岛国密克罗尼西亚有一群居民在聚餐时吃了玳瑁肉，最后导致90多人中

玳瑁正在啃食海绵

毒，6人身亡。这件事惊动了世界卫生组织，调查后该组织宣布，目前没有玳瑁中毒的治疗方法。

背甲乌龙

（四）

玳瑁的背甲有茶色的花纹，逆光下半透明，异常美丽，是最吸引人的部位。关于玳瑁的各种记载，自然也围绕着背甲展开。

聂璜看到《汇苑》里说玳瑁"背负十二叶"，就去药铺里找了个玳瑁的壳来看，发现"果系十有二叶"。这里我就不太明白了，玳瑁明明有十三块背甲（不包括边缘那一圈小碎甲），在民间也有"十三鳞"的俗名，《汇苑》里的记载显然是错的。这并不可怕，可怕的是聂璜亲眼看到了真壳后，依然数出了十二块，这就不知道是他眼神不好还是算术不好了。

龟壳的背甲分为好几个部位。外边镶边的那一圈小甲片，基本都叫"缘盾"，覆盖脊梁的那一列大甲片，叫"椎盾"，椎盾两边的大甲片，叫"肋盾"。玳瑁的椎盾和肋盾加起来一共十三片

古人对玳瑁还有一种误解，以为它一生只交配一次，然后就不再交配。明代徐应秋《玉芝堂谈荟》里的说法很有代表性："兽不再交者，虎也。鸟不再交者，鸳鸯也。介虫不再交者，玳瑁也。"

虽然今天我们知道，这三种动物都是会多次交配的，但古人不这么认为。他们还把这种臆想出来的习性赋予了文化意蕴。比如，会把鸳鸯和玳瑁放在一起对比。同为只交配一次的生物，鸳鸯永远成双成对（现实中的鸳鸯并非如此恩爱，此处仅指文化上的鸳鸯），而玳瑁却总是孤单一位。所以，玳瑁就成了"孤独"的代言人。唐诗《去妇词》里描写了一位被丈夫抛弃的女人，其中就有一句"尝嫌玳瑁孤，犹羡鸳鸯偶"。弃妇羡慕鸳鸯的爱情，再低头看到嫁妆里的玳瑁，不由得悲从中来。

这种孤独本是人类强行赋予玳瑁的，可现在，玳瑁自己也真的开始孤独了。在持续几千年的捕杀中，玳瑁无处藏身，在海里，会撞上无所不在的渔网，上岸刚要产卵，又会被无所不在的人类掀翻，倒挂起来，泼上滚烫的醋。

虽然世界自然保护联盟（IUCN）的濒危物种红色名录已经把玳瑁评估为"极危"，中国也把玳瑁列为国家二级保护动物，但是，去海南、广东、广西的海滨土产店里逛逛吧，整只的玳瑁标本依然随处可见。渔民在清澈如蓝宝石的南海中捞起玳瑁，杀死后，用绳子贯穿它们的眼睛，把绳子绑在壳上，玳瑁就能以昂首挺胸的姿态风干。老板们买回去，挂在办公室墙上，预示着自己在商海中劈波斩浪，财源广进。命理师还要提醒老板，一定要根据办公室的风水选好摆放位置，这样才能招财、防小人。

幸存的玳瑁，在空旷的大海中游动着。它们的泳姿，并不像挂在墙上的同类那样昂扬。因为，它们正在感受前所未有的孤独。

在太平洋海域游泳的玳瑁

第二章　鱗部

本草河豚魚江海並有海中尤毒肝及子入口爛舌入腹爛腸炙之不可近鍋以物懸之昔

人云不食河豚不知魚味其味為魚中絕品然有大毒能殺人烹此者不但去肝目之精脊

之血並宜去之洗宜極潔煮宜極熟尤忌見塵治不如法人中其毒以槐花末或龍腦水或

橄欖湯皆可解也糞清尤妙張漢逸曰與荊芥等風藥相反服風藥而食之不治按食此者

止知其毒害人而不知尤與風藥相反故并識之河豚豚字字彙作鯸字言魚之如豚也

河豚賛
魚以豚名
甘而且肥
一嚼可寧
請君染指

【河豚】 其状可怪，其毒莫加

一道和死亡挂钩的美味，一个性如烈火的水族成员，一条既能入海也能溯河的鱼——河豚。

别名最多的鱼

一

现代生物分类学里，每种生物都有一个唯一的标准名——拉丁文学名。

拉丁文是一种死文字，现在没有哪个民族用它进行日常交流，因此它的语义就不会发展变化，最适合作为科学命名之用。有了拉丁文学名，分类学才算是有了统一的标准，步入了正轨。这之前的分类学，可以说是一团糨糊。

有这么严重吗？我们拿河豚举例吧。它在汉语里的称呼有：挺鲅、鲅鲐、鸡泡、嗔鱼、胡儿、规鱼……一共40多个名字，堪称别名最多的鱼之一。很难想象，如果没有拉丁文学名，各地科学家将怎样交流。

不过，别名多也有好处，蕴含了很多文化信息。我看了一下河豚的别名，发现主要可以分为三派。

一是"guī"派。今天两广、台湾称河豚为"guī鱼"，有人写作"乖鱼""龟鱼"，都不对。它的源头是河豚最早的名字——鲑。先秦的《山海经》第一次出现了它："敦薨之水出焉……其中多赤鲑。"晋朝的郭璞注解道："今名鯸鲐为鲑鱼，音圭。"而鯸鲐就是河豚。到了《尔雅·释鱼》里，鲑变成了同音的鲑："鲑，今之河豚，一作鲑。"今天，鲑改指大马哈鱼，鲑继续指河豚，但仅存读音，字因太生僻而被遗忘，多被写成"规""乖"。

清·汪绂图本《山海经》里的赤鲑图，以河豚为原形绘制

二是"hóu yí"派。这个发音有多种写法，除了上文的鯸鲐外，还有鲅鲕、鹕夷，《海错图》里则写作鯸鲐（鲐，今音读tái，指鲭鱼。但在古代指河豚时，读yí）。有人认为，"hóu yí"的本字为"胡夷"，意为河豚像胡人、夷人一样丑陋。我并不认同。一来这说法无凭无据，二来河豚小眼

黄鳍东方鲀

暗纹东方鲀

红鳍东方鲀

小嘴，并不像高鼻深目的胡人，反而像个肥胖的汉人。

　　三是"hé tún"派，也是我们最熟悉的说法，写作河豚或河鲀。这两个名字在今天经常混用，而且很多人以为河鲀才是正确的，其实不然。这个词的本义就是"河里的像猪一样的鱼"，所以河豚当为本字，"鲀"只是后期生造出来的字。明代字典《正字通》写道："鲀，本作豚，鲀为俗增也。"但当代科学界选择了"鲀"作为河豚类的标准名称，这就造成了混乱。

　　2003年，全国河豚鱼安全利用研究协作组做出了规定：在使用泛指的"河豚"一词时，用"豚"字，而具体到某一种河豚时，则用"鲀"字，如"红鳍东方鲀""黄鳍东方鲀"。《现代汉语词典》中，也只有"河豚"词条，无"河鲀"。

　　但是又有新问题了。白鱀豚所属的淡水鲸豚类，也叫"河豚"，如亚河豚、恒河豚等。鱼和哺乳动物撞名了。真麻烦，让科学家和语言学家打架去吧，咱们不管这事儿了。

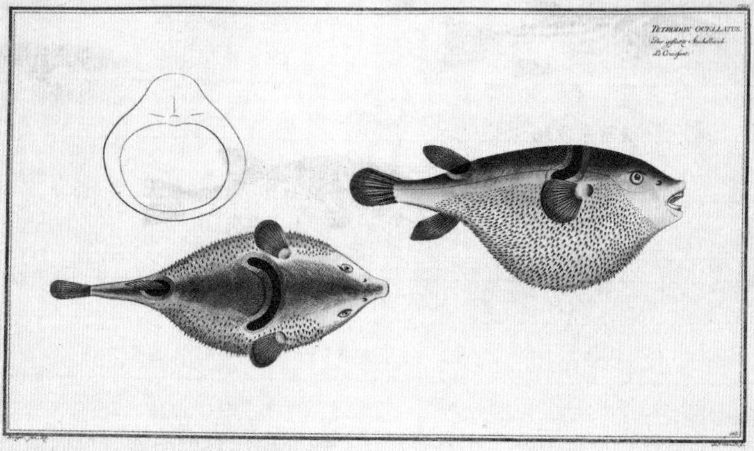

西方博物学手绘里的弓斑东方鲀

两种河豚

一

聂璜在《海错图》里画了一大一小两只河豚。除了给每一条的嘴上凭空添了两条须子，画得还是挺像的，能一眼看出是东方鲀属。一般意义上的河豚，都是这个属的。

大个儿那条，背上有很多虎纹，横纹东方鲀、双斑东方鲀等几个种类都有这个特征。聂璜注解："河豚之背有纹，如老人肌肤，故老人曰'鲐背'。"他为了让河豚花纹更像老人的皱纹，还擅自加工，把纹路画得特别细密。

其实真实的河豚纹路是很粗的，并不像老人的皱纹，而且只有少数几种河豚会长这种纹。聂璜在这里会错意了，古代确实有把老人称作"鲐背"或"鲐"的说法，但这里的"鲐"指的是鲭鱼。鲭鱼的后背普遍有虎纹，正似皱纹。

小个儿那条河豚，后背没有虎纹了，换成了一个彩色的大晕圈。这条鱼不是那条大河豚的孩子，而是另一种河豚。聂璜详述了它的外形：

"河豚鱼色有数种，有灰色而斑者，有黄色而斑者，有绿色而斑者。独五色成章而圆晕者为最丽。其色内一块圆绿，外绕红边，红外则白，白外则一大晕蓝，深翠可爱，蓝外则又绕以红，而后及本色焉。海人取其大者，剔肉取皮，用绷弦鼓，色甚华藻，而音亦清亮。不识者疑以为绘，而不知实出本色也。"

美则美矣，但问题是，现实中没有长成这样的河豚。唯一沾边儿的是"弓斑东方鲀"，它背上有个杠铃状斑和一个圆形斑，内里是黑色，镶边是橙红色。聂璜可能没见过真鱼，而只是轻信了鱼皮鼓拥有者的一面之词。也许，这就是一张后期加过色彩的皮子。

鲭鱼（鲐）后背的花纹酷似老人的皱纹，所以老人的别称是「鲐背」

地狱之吻

（三）

画中还有一个很棒的细节：河豚的嘴里，上下各有两颗大板牙。

这显示了河豚的分类地位。河豚属于鲀科，这个科又名"四齿鲀科"，特点就是上、下颌分别愈合成两个喙状齿板，每块板都有一条中央缝，看上去就像四颗牙一样。

鲀科鱼性情残暴，其唯一的武器就是这副牙口。观赏鱼界把几种淡水鲀称为"狗头"，养"狗头"时，最好缸里只有它一条鱼，否则就会出鱼命。

我一直纳闷，鲀的嘴那么小，能造成多大伤害？直到一次在朋友家里看他投喂"狗头"，才算明白。一条小红鲫鱼扔进去，鲀冲上去叼住，然后使劲把一大块鱼身嚼进口腔，再用力一咬，小半条鱼没了。三四口之后，整条鱼就进了它的肚子。

鲀科鱼的吻部有四个齿状结构

把勺子放在河豚嘴边，立刻被咬住。若是换成手指，一块肉可能就没有了

096

2016年6月8日，辽宁丹东渔业局准备把50万尾红鳍东方鲀幼体放流大海。离水的小河豚们纷纷鼓成了球

怒大伤肝

（四）

河豚有毒，世人皆知。就东方鲀属来说，古人早就发现，它的毒性并不是遍及全身，而是集中在肝、卵、眼睛等处。去掉这些地方，就可以安全食用。

聂璜对个中缘由进行了推测。他观察到，河豚受惊会胀大肚子，看上去很生气。他又听医家说："人之怒气多从肝起，而肝又与目通。"所以他认为，易怒的河豚，戾气会积攒在肝和眼睛，日久便成剧毒。只要挖弃肝和目，就"从此怒根上打发得洁净，毒自去矣"。

听上去很合理的逻辑链，从一开始就错了。河豚膨大成球，并不是发怒，而是求生。它吞下大量水或空气，让身体显得更大，同时让天敌无从下口。

河豚毒素也不是戾气化成的，甚至不是河豚自己分泌出来的，而是来自海洋中的有毒细菌。这些细菌被其他生物取食，再一级一级通过食物链进入河豚体内，富集在内脏、眼睛、皮肤中。河豚自己不会中毒，而人类吃到后，就要倒霉了。

与毒作战

（五）

河豚毒素是世界上最强的毒素之一，比氰化钠还要毒1250倍。聂璜照抄《本草拾遗》的原话，说此毒"入口烂舌，入腹烂肠"，我看这是喝浓硫酸的症状。河豚毒素是神经毒，怎么可能走这种廉价恐怖片风格？中了河豚毒，你不会腐烂，连疼都不会疼，而是会感到麻木。嘴麻，手脚麻，睁不开眼，咽不下口水，呼吸都无力完成，最后在彻底的无力感中结束生命。

一旦中毒，如何解毒？除了龙脑水、橄榄汤、芦根汁这些虚头巴脑的方子，聂璜还记了一句："粪清尤妙。"

粪清，就是把空坛子堵上口，塞进粪池子里，一年半载后挖出来，里面积攒的黑色汁液，或是用棉纸过滤粪便得到的清汁。说白了，就是屎汤子。在我看来，此方甚灵。它的作用不是解毒，而是催吐。谁喝了那玩意儿都要吐，这一吐，就等于洗胃了。现代医学在救治河豚中毒患者时，第一件事也是催吐。对于这种奇毒，与其试图"解"它，不如把它吐出来更实际。

要说最灵的一道方子，还得数《本草纲目》里的这句："河豚有大毒……厚生者宜远之。"翻译成白话就是：珍爱生命，远离河豚。

河豚厨师是高技术工种，不但要把有毒部位除净，还要求鱼肉上不能有一点儿血丝

禁与解禁

（六）

2016年5月，我去辽宁丹东的一处海鲜批发市场采访。几位男子正在往车上装鱼，走近一看，是养殖的红鳍东方鲀。我举起相机刚拍了一张，有位大哥就警觉地停止了装卸，用下巴指着我："你拍什么？"

陪我逛市场的当地小伙儿崔子赶紧拉我走开，对我说："他们这些都是违法的，看看就行了，别拍。"

1990年，中国政府颁布《水产品卫生管理办法》，明文规定："河豚鱼有剧毒，不得流入市场。"从那时起，任何河豚，不管是野生的还是养殖的，生的还是熟的，一律禁止在国内售卖。要卖，只能出口。

国内的养殖河豚其实发展得相当成熟，早就培育出了无毒河豚。前面说过，河豚的毒来自食物，只要投喂无毒的饲料、提供无毒的水源，就能培育出无毒的河豚。有些大养殖场害怕残存的毒性遗传给后代，还特意繁殖了好几代，保证祖先的毒性已完全去除。

大阪的河豚料理店，挂出巨型的河豚灯笼。大阪是日本河豚料理的大本营

江苏的扬中，是暗纹东方鲀养殖的基地。当地政府建起了一个金色的河豚塑像以吸引游客

河豚料理店

春帆楼是《马关条约》签订之地，也是日本河豚最初解禁的地方。原楼已经在1945年被美军炸毁，现在建起了一座水泥结构的"日清讲和纪念馆"，还原了当时谈判的场景。作为餐馆的春帆楼也在旁边重张开业，依然是日本最著名的

这样好的河豚，绝大多数是卖给日本、韩国的。日韩两国商人一看，既然你只能卖给我，好，那我就付你一丁点儿的收购价，爱卖不卖。养殖户没办法，只能低价出口，吃哑巴亏。

还有一条路，就是暗地在国内销售。这就形成了一个可笑的局面：政府发布禁令，本是为了更少人中毒，但现实中，禁令没有拦住河豚，反而使国内的河豚来源无人监管，厨师也得不到正规培训，食客的中毒风险更大。

在我"丹东偷拍事件"4个多月后，水产界出了个大新闻：政府解禁河豚了。但不是完全解禁，有很多附加条件。

第一，只涉及养殖的红鳍东方鲀和暗纹东方鲀，这两种的养殖技术最成熟，可以做到无毒。有的养殖户敢向客户承诺："我养我捞，您煮我吃。"至于野生河豚和其他种类的养殖河豚，依然不得售卖。第二，这两种河豚必须经过加工才能卖，比如做成鱼柳、饺子。生鲜的整鱼还是不能卖。第三，河豚的养殖场和加工厂必须经过政府考核备案。

业界的反应是，解禁是好事，但手脚应该再放开些。比如日本，曾经也禁过河豚，而且比中国还严，谁吃了就要抄家坐牢。1888年，日本明治维新的重要人物伊藤博文在马关的一家饭馆"春帆楼"吃到了河豚，惊艳无比，立刻解除了当地的河豚禁令。

后来，日本科学家潜心研究河豚毒素，政府制定了一套严格的规范，从养殖到上桌，层层把控，厨师要经过专门的考试，取得河豚烹饪资格证，才能烹饪河豚。日本最终在全国解禁了河豚。直面问题而不逃避的结果，是业者挣钱，食者放心，还让河豚成了日本料理的一个招牌。

初食河豚7年后，伊藤博文又一次回到了春帆楼，以甲午战争的发起者和胜利者的身份，与坐在对面的李鸿章签订了《马关条约》。也许在伊藤博文眼里，大清国就是一条待宰的河豚，看似可畏，但只要找对方法，就能吃掉它。

不值那一死

（七）

迄今为止，我吃过两次河豚。

第一次是在一个叫"小纪"的镇子上。当时我在南京上大学，"十一"长假时，有个同学说他爸爸要带他去扬州玩，问我去不去。这种免费的好事，当然要答应了。

见了他爸，才发现信息有误。他们不是去扬州市区，而是要去郊区的小纪镇躲清闲。于是我就在村子里过了几天钓鱼、逗狗、"检阅"庄稼的生活。

其中一项重头戏，就是吃河豚。我们来到镇上的一家挺像样儿的饭馆。当时河豚还未解禁，饭馆老板和我同学他爸认识，我们才得享此味。

端上来一看，是红烧做法。河豚肉看着不像鱼肉，很大块，表面还有一层厚厚的皮，要是不说，我会把它当成鸡肉。同学他爸吃了一块，我们盯着他，过了一会儿他说："没死，吃吧。"

夹一块放在嘴里，口感像鳜鱼脸蛋肉，很瓷实。印象最深的，是鱼皮里面埋着小刺鳞，咬起来咯吱作响，像掺了沙子。这让我颇为失望，不是鱼中极品吗？怎么还硌牙呢？

一桌标准的日式河豚宴。近处是一大盘河豚刺身，要薄到透出下面盘子的颜色。中间是河豚炸物和河豚鳍酒，远处是河豚锅物

第二次吃，是在日本。2015年的一个假期，我和妻子在日本玩了几天，最终来到东京。离开前的最后一顿晚饭，我们打算扔掉攻略，跟随自己的心灵，看哪家餐厅顺眼就进去。

在歌舞伎町溜达着，右手边出现了一个小门，画着一条河豚。我们走了进去。

玻璃缸里，几条红鳍东方鲀无辜地游动着。我们点了个套餐，菜接连着上来了。第一道是纸火锅，配上剥了皮、斩成块的带骨肉，其中一块是河豚头，嘴还在微微颤抖。第二道是切成薄片的刺身，第三道是炸河豚。

挨着个儿地吃。这次没有鱼皮，不硌牙了，但除了没腥味、刺不多，也没吃出啥好来。倒是一杯"河豚鳍酒"让我很满意：两片烤焦的河豚鳍，泡在烫的清酒里，揭开杯盖，焦香和酒香蒸腾出来，令人迷醉。

两次吃河豚，都没体会到《海错图》里那"不食河豚，不知鱼味"的境界，更不能认同苏轼品河豚后"值那一死"的评语。我觉得，河豚的美味，有一半要归功于它的危险。在平地上翻个跟头，不会有任何感觉。但在摩天大楼楼顶的围墙上翻跟头，你就会血脉偾张、浑身酥软。

古人吃河豚，那是"极限运动"。精神高度紧张，味觉异常敏感，自然会感到鲜美异常。今人吃河豚，还没吃就知道很安全，不管多用心品味，也是刻意的，毫无用处。这是健康的喜报，也是味蕾的悲歌。

中式红烧河豚。带皮的河豚看上去就像鸡肉或烤鸭

河豚鳍风干烘烤后，可以做成河豚鳍酒

福寧海上有頂甲魚一方骨
深陷頭上中有楞列剌活時
翻抛石上其頂緊吸錐兩三
人不能拔起土人亦稱為印
魚漳郡陳潘合曰此魚潛於
海底攢泥中吸石上人不能
捕待潮起浮出覓食始可網
之

頂甲魚贊
頭生方頂
有骨隱隱
活能吸石
如有所憤

【顶甲鱼】 头生方印，如影随形

《海错图》里有两种鱼，头上都有印章一样的奇怪结构。它们之间有什么关系？

105

䱙鱼的吸盘是由第一背鳍变成的

有骨隐隐，生于头顶

据《海错图》记载，福建海域有一种"顶甲鱼"，它的独特之处在于"一方骨深陷头上，中有楞列刺"。这块"骨头"还具有吸盘的功能，而且吸力超强，"活时翻抛石上，其顶紧吸，虽两三人不能拔起"。

当地人称这种鱼为"印鱼"，因为它头顶的吸盘像一方印章。这种鱼在今天可谓家喻户晓：䱙鱼，经常吸在鲨鱼身上的那类鱼。

聂璜对䱙鱼的吸盘刻画很精准，和现实中的䱙鱼别无二致。但他画错了一点：在吸盘后面，画了两个背鳍。很多鱼的背鳍都分成前后两个，这很常见。但放在䱙鱼这儿就不对了，因为它的第一背鳍变成了吸盘，所以吸盘后面只能有一个背鳍（第二背鳍）了。

越
来
越
懒
(二)

又高又薄的背鳍，怎么能变成扁平的吸盘呢？其实鱼鳍是很神奇的东西，根据需要，它可以变成各种玩意儿。比如鮟鱇的"钓竿"是背鳍变成的；鲂鮄的胸鳍前几根鳍条能变成腿，在海底爬行；虾虎的两片腹鳍融合，变成吸盘，让自己吸在急流中的石头上……

鉩鱼的背鳍是怎么变成吸盘的？我们看一下它的近亲：军曹鱼。军曹鱼虽然没有吸盘，但第一背鳍变成了一列小刺。学者们又参考了古代鉩鱼的化石，认为鉩鱼的吸盘就是由这样的小刺演化来的。

军曹鱼喜欢成群结队地跟着一些大家伙游动，比如船只、海龟、鲨鱼。这种"傍大款"的好处在于，既能让大款罩着自己，又能捡拾大款的牙慧。

鉩鱼的祖先肯定也是这样做的，但后来，它们越来越懒，连游都懒得游了，干脆演化出吸盘，直接吸在了"大款"身上。

鉩鱼的亲戚——军曹鱼，第一背鳍变成了一排小刺

烦人的『膏药』（三）

漳州有一位名叫陈潘舍的人，告诉聂璜：顶甲鱼平时潜在海底泥里，用吸盘吸在石头上，所以人捞不到；待到涨潮时，它浮出觅食，这时才能捞到。

这是想当然了。鮣鱼不会钻进泥里，人们很少捞到它是因为它总是吸在鲨鱼、海龟等身上，不爱到处游动。除非被带到了一片饵料丰富的海域，才会脱落下来自行觅食。

鲨鱼为什么不把身上的鮣鱼吃掉？这是很多人疑惑的问题。其实鲨鱼未必不想吃，但是很难吃到。

首先，苍蝇落在哪里最安全？当然是苍蝇拍上，因为这样根本没法用拍子打它。同理，鲨鱼无法扭头咬到自己背上、腹部的鮣鱼。

其次，鮣鱼个子又小又灵活，瞬间游速很快，就算来到鲨鱼嘴边，也可以一扭身蹿到其脑后，很难抓。好抓的鱼那么多，鲨鱼没必要跟鮣鱼较劲。

吸在鲨鱼身上的鮣鱼

吸在海龟、潜水员身上的鲫鱼

那鲫鱼会不会吃鲨鱼身上的寄生虫，给鲨鱼一点儿福利呢？几乎不会。鲫鱼吸在大型动物身上，就是为了搭便车、求保护、捡拾大型动物的残羹剩饭，碰到寄生虫，高兴了吃一个，有没有可能呢？有，但绝对罕见。

可以说，鲫鱼占尽了大型动物的便宜，而大型动物没从鲫鱼那儿获得好处，也没啥坏处，只能忍着这帮"膏药"。

但在某些情况下，鲫鱼会害死自己的"便车"。2004年，成都海底世界曾经养了几条一米多长的小鲨鱼，为了给它们"增加玩伴"，就放进去了4条鲫鱼。结果鲫鱼迅速长到近1米，和鲨鱼差不多长，成天吸在鲨鱼身上，甩都甩不掉。饲养员一给鲨鱼喂食，鲫鱼就第一个冲上去吃掉，导致两条鲨鱼被活活饿死。潜水员想把鲫鱼抓出来，但刚一接近它们就逃跑，人走了又回来，弄得海洋馆直向社会求助："谁能把鲫鱼抓走？！"

《海错图》里的「印鱼」图之真身，恐异成为悬案

印鱼赞
龙宫印章
示重方面
篆文煮为
河清海宴

另一种『印鱼』

（四）

除了"顶甲鱼"，《海错图》里还有一幅画——"印鱼"，也是一种头上长印的鱼。它的印更厉害，是红的："此鱼身绿色而无鳞，背黑绿色作斑点，如马鲛状。背上有方印一颗，正赤色。口有齿四，下颌超于上背，有胅划水黄色。尾虽两歧，圆而不尖。"而且这红色的印还不是个别现象，因为"其鱼虽千百，皆赤方印，无异状"。

这种鱼是一位在台湾服过役的老兵看到的。他从台湾回到福建，给聂璜画了此鱼的图像。他说，康熙三十五年，台湾菜市场有很多这种鱼售卖。据说此鱼来自红毛海（可能是台湾附近的海域）。如果赶上鱼汛，就每个摊位都有；若赶不上，那三五年都见不到一条。

聂璜按照老兵的描述，把印鱼仔细描绘下来。有个人看了这图，不屑地笑道："老兵之言，其可信哉？海中之

鱼，焉得有印？"聂璜对这个人更不屑，将他称为"鲰（音zōu）生"，就是浅薄小人的意思。聂璜回这人："予目中无印鱼，胸中有印鱼久矣。今得其图，甚合吾意。"鲰生问："何所据耶？"聂璜说："凡鱼类，有名目者，大约多载之典籍。向考《篇海》《字汇》，实有'鮣鱼'，音'印'，鱼名，身上有印，则印鱼之名从来久矣。今得此鱼，可补字书《篇海》之未备。"

聂璜的意思是说，古代字书里每一个鱼字旁的字，都对应着一种现实中的鱼。既然古书中有"鮣"字，证明世上一定有一种身上带印的鱼，老兵画的这条鱼不就带印吗？所以它一定就是古书里的鮣鱼。

这种逻辑不够严谨。古人造一字，并非只对应一个物种，可能一物有多名，也可能多物共用一名，比如鱣字，就既指鲤鱼，又指鲟鱼，还指黄鳝。再比如，鲫鱼的鲫字，最初指的是乌贼。所以根据字来推测物种，太不靠谱了。虽然鲰生的质疑没有道理，可聂璜的反驳也没道理，谁也别不屑谁。

说实话，老兵讲得这么有鼻子有眼，我真愿意相信是真的。可现实中真的没有鱼和它相似，就连前面提到的吸附鲨鱼的鮣鱼，也没有身带绿点、吸盘鲜红的种类。我也询问了鱼类研究者李帆，我们俩从鲀类、石斑鱼到䲟、鹦嘴鱼等捋了一遍，都没有符合的。

"印鱼"这张图，非常抓人眼球，既美又奇，可以算《海错图》里最具代表性的一幅画了，可是现实中却找不出对应的物种，实在太遗憾了。

《海错图》对"印鱼"的描述

图其形并述大槩曰此鱼身绿色而无鳞背黑绿色作斑点如马鲛状背上有方印一颗正赤色口有齿四下颔翘起於上颔方不齿刻人肉此鱼之毛也能住於文因方不

說文云鮫鯊海魚皮可飾刀爾雅翼云鯊
有二種大而長啄如鋸者名胡沙小而粗
者名白鯊今鋸鯊鼻如鋸即胡鯊也宇彙
鯝但曰魚名挻即鋸鯊也此鯊首與身全
似犁頭鯊狀惟此鋸為獨異其鋸較身尾
約長三之一漁得必先斷其鋸懸於
神堂以為厭勝之物及鬻城市惶與諸鯊
等人多不及見其鋸也彙苑戴鯤魚註云
左右如鐵鋸而不言鼻之長總未親見故
訓註不能暢諭至宇彙則曰魚名尤夫
考較也漁人云此鯊狀雖惡而性善肉亦
可食又有一種劍鯊鼻之長與鋸等但無
齒耳以其狀異故又另圖其背豐而傍
薄景能饀舟甚惡彙苑云海魚千歲為劍
魚一名琵琶魚形似琵琶而喜鳴因以為
名考福州志鋸鯊之外有琵琶魚即劍鯊
也

鋸鯊贊

海濱蝦蟹生活泥水
鯊為木作鐵鋸在嘴

【锯鲨】 海中大物，铁锯在嘴

嘴上长个锯子，是什么体验？关于这个问题，海中的一种大鱼最有发言权。

两种鲨鱼之一？

战国到西汉时期，中国出现了一本书：《尔雅》。尔者，近也；雅者，正也。尔雅的意思就是"把词义解释得合乎规范"。说白了，就是中国的第一本词典。

但是《尔雅》中的很多词条解释得不够细，所以宋元时期又出现了一本《尔雅翼》。翼，就是辅佐、辅助的意思。这本书就是对《尔雅》的详细解释。

《尔雅翼》在解释"鲨"这一词条时写道："鲨有两种：大而长喙如锯者名'胡鲨'，小而粗者名'白鲨'。"

鲨鱼怎么可能只有两种呢？现在我们当然知道鲨鱼的种类超级多，但是古人毕竟认识有限，能知道两种就不错了。

聂璜在《海错图》中画了一条大鱼——"锯鲨"，他认为，这就是《尔雅翼》中的"胡鲨"，因为它们都"长喙如锯"，有一根长着锯齿的长吻。

鲨还是鳐？

不管是《尔雅翼》里的"胡鲨"还是《海错图》里的"锯鲨"，都是古人起的名字。作为现代人，我们重点要知道它在科学上叫什么名字。在今天的鱼类学中，有两类鱼和这张画里的相似：锯鲨目和锯鳐目。它俩的区别是：

◆锯鲨的个子小（约1米），锯鳐的个子大（动辄六七米）。
◆锯鲨吻部的"锯齿"大小不一，又多又密；锯鳐的锯齿则大小均一，又大又稀疏。
◆锯鲨是鲨鱼体形；锯鳐则像拍扁了的鲨鱼，体形介于鲨鱼和鳐鱼之间。

　　◆锯鲨的吻上有两根长须子，锯鳐则没有。

　　◆锯鲨的鳃裂在体侧；锯鳐的鳃裂在腹面，背面有两个呼吸孔。

　　现在我们来看《海错图》里的这幅画，试着鉴定一下。体型大、锯齿大小均一、吻部没有须子，像锯鳐；锯齿又多又密，像锯鲨；鳃裂在身体背面，没有背鳍，锯鳐和锯鲨都不像……简直是个四不像！

　　这种情况在《海错图》中比比皆是。对于一些较大的鱼，聂璜无法放在家中写生，只能在市场、码头观察后，回家凭印象画出，所以很多细节都会失真。

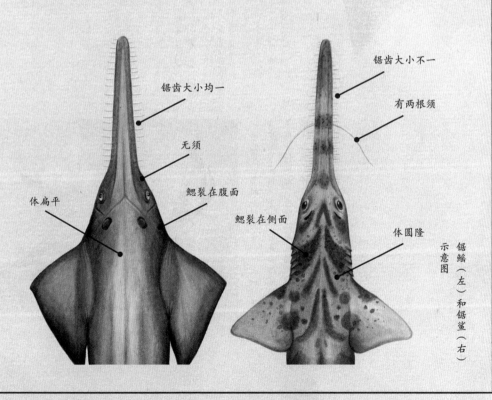

锯齿大小均一

无须

体扁平

鳃裂在腹面

锯齿大小不一

有两根须

鳃裂在侧面

体圆隆

锯鳐（左）和锯鲨（右）示意图

　　不过我们已经能对比出，这幅画还是更像锯鳐多一些。加上聂璜在配文中还写了一句"此鲨首与身全似犁头鲨"。"犁头鲨"在今天叫"犁头鳐"，正是锯鳐最近的亲戚，二者体形极为相似，都是又长又扁。那么我们可以确认，这幅画画的就是锯鳐。

犁头鲨背尖头湖切犁头
状其身起與诸鲨同而亦
细按犁頭及霍頭皆墓其
口皆载上下齶左右各五
錾其載虽下相連尾間之
嵌並大致骨胎生
烹名犁頭鲨賈
犁頭鲨

海镜条四颗八足利

《海错图》里的"犁头鲨"（上），是现实中的犁头鳐（下）。它是和锯鳐最近的亲戚。仔细看，聂璜把犁头鳐的鳃裂也错误地画在了背面，实际上应该在腹面

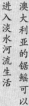

能咸能淡

(三)

锯鳐目下分1科2属，钝锯鳐属（尖齿锯鳐属）1种，锯鳐属6种。中国大海里有2种：尖齿锯鳐和小齿锯鳐，都在南海或东海南部。这几种锯鳐摆在一起，你会立刻犯"脸盲症"，长得明明一样啊？别自卑，科学家也没搞清楚这几种的关系。前两年还有分子研究表明，有3种锯鳐其实应该合并成一个种。

这些让人头疼的分类问题我们就不要管了。我们只需知道，锯鳐目在全球的热带、亚热带水域里都能看到，分布得非常广，给各地的古人们都留下了深刻的印象。在欧洲、中亚、非洲和大洋洲的古代艺术品中，都能看到锯鳐的形象。澳大利亚、非洲的原住民还会在舞蹈中模仿锯鳐游泳。

澳大利亚的锯鳐可以进入淡水河流生活

为什么要模仿？因为当地人认为锯鳐有神秘的力量。某些部落甚至认为，河流就是锯鳐从海里往陆地上游一路用"锯子"挖出来的。看似荒诞的传说背后有它的原因：锯鳐确实会游进淡水河流，甚至一路上溯到内陆水域。

进入淡水河的，一般是锯鳐幼体。对于小锯鳐来说，浑浊的河水含有丰富的养分，养育了河底的各种可以吃的小生物，而且淡水里没什么天敌。当小锯鳐长到两米多，就进入大海，最终长成六七米长的巨怪。

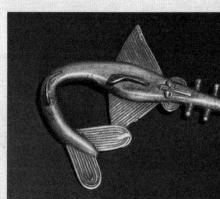

在澳大利亚原住民的岩画、法国的木版画、西非的雕刻里，都出现过锯鳐的形象

19世纪，人类猎捕巨型锯鳐的场景

状恶性善

（四）

锯鳐那恐怖的大锯，是如何使用的？它首先是一个"雷达"。锯鳐视力不好，又常生活在浑浊的水里，想看也看不清。于是它的长吻上密布着生物电感受器，只要有猎物经过，就能立刻监测到。

然后，锯鳐就迅速左右摆动长吻，用锯齿把猎物戳死，再用嘴吞下。这些锯齿并不是真正的牙齿，可能是由鳞片演化来的，但威力丝毫不差。

虽然捕食动作很猛，但锯鳐只吃一些底栖鱼、乌贼等小动物，吃饱就算。平时性情温和，更不会袭击人。西方那些"锯鳐会把船锯沉，再吃掉船员"的传说，都是无中生有的臆想。

还是中国渔民更实事求是。《海错图》里写道："渔人云：此鲨状虽恶而性善。"清朝胡世安的《异鱼图赞补》还说："渔人云：此鱼惜齿，齿挂于网，则身不敢动，恐伤其齿。"由此还产生了一句民谚："千金之锯，命悬一丝"。锯鳐的锯齿都长在肉里，一旦挂在渔网上，挣扎起来一定很疼，所以便老老实实地不敢动了。这脾气也太好了点……

捕鱼求锯

锯鳐生活的浅海和河口，正是人类活动的热点地区，加上它们的繁殖能力不强，所以只要人类一发达，它们就倒霉。地中海的锯鳐早早地就消失了，其余地区的锯鳐也全线崩溃。水质污染、过度捕捞，让它们在几十年内迅速减少到濒危或极危的地步。现在，锯鳐科所有种都被列入《濒危野生动植物种国际贸易公约》（华盛顿公约，CITES）最高级别的附录I中，禁止国际性交易。

话虽如此，但民间对它的捕捞从来没停过。有的是故意捞的，有的是误捕的。捞上来后，除了吃肉、割鱼鳍做成鱼翅以外，最抢手的当然是那根大锯子了。印第安人用锯齿做成切割器，菲律宾人、新几内亚人、新西兰人把整根锯子当成兵器；秘鲁人在斗鸡时，把锯齿装在鸡脚上，增加杀伤力。

中国人则用锯鳐的锯子搞"封建迷信"活动。《海错图》里说，当时清代菜市场里的锯鳐都没有锯子，因为渔民会在锯鳐出水后第一时间砍下锯子，"悬于神堂，以为厌胜（辟邪）之物"。今天在台湾，盛行乩（音ㄐ一）童作法，说白了就是跳大神。其中有个重要法器"鲨鱼剑"，就是锯鳐的锯子。跳神者用鲨鱼剑抽打自己的身体，打出血，据说这样就可以神灵附体了。

1689年，巴伐利亚选帝侯马克西米利安二世的锯鳐双手剑

在20世纪初，人类捕猎了大量锯鳐。当时这么大的个体很常见。现在，能看到一条锯鳐都是很幸运的事情了

　　根据用途，鲨鱼剑还分成好几种。尖齿锯鳐的锯子根部有一段没有锯齿，正好可以手握，而且锯子长度和剑类似，于是成了乩童作法的最佳选择。窄吻锯鳐、小齿锯鳐的锯子布满锯齿，而且又粗又长，甚至达到1.7米，一人多高，这就没法拿着了，只适合供起来，当作镇庙之宝。还有一种超小号的"肚剑"，来自雌锯鳐肚子里的宝宝（锯鳐是卵胎生，卵在体内孵化），放在香炉底或者汽车仪表盘上。据"大师"说，多少也能保保平安。

　　这些年，锯鳐越来越少，鲨鱼剑不好找了，有商人开始用塑料和铁皮制作仿真鲨鱼剑。真是生财有道。与此同时，美国科学家发现一只野生的小齿锯鳐开始孤雌生殖了。2011年，它在没有和雄性交配的情况下产下了7个后代。人们还是第一次观察到这种情况。这可能意味着锯鳐已经少到找不到配偶，被迫发展出了孤雌生殖的技能。而这样生出的后代，体格可能会非常脆弱。

　　这些苟活的锯鳐，如果知道自己的锯子在被人类热火朝天地使用着，不知会做何感想。

刺魚產閩海身圓無鱗略如河豚狀而有斑點遍身皆刺棘手難捉亦不堪食時乾之為兒童戲耳大者去其肉可為魚燈字彙魚部有鯏字疑即此魚也

刺魚賛

虎豹在山不採蒺藜
海魚有刺可制鯨鯢

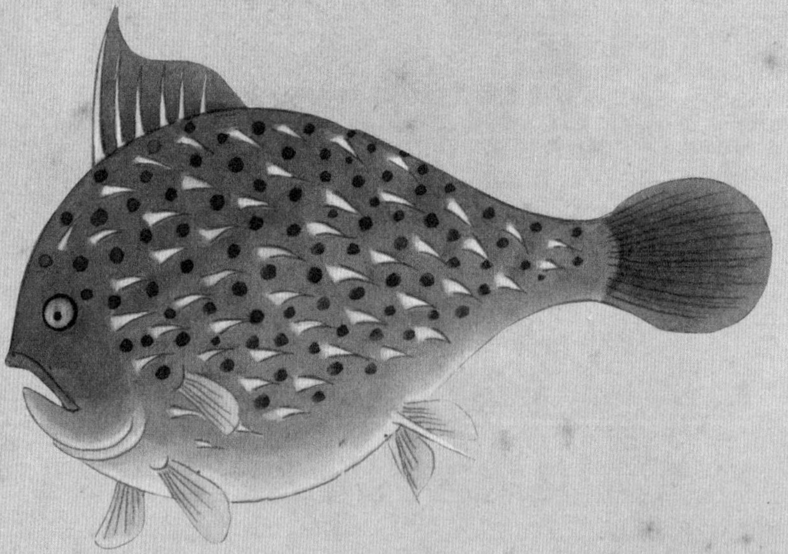

【刺鱼】 海鱼有刺，一怒成球

一条鱼，不但能变成刺球，还能变成豪猪？研究一下是真是假。

略如河豚，周身皆刺

一

聂璜在福建（ ）多年，自然在《海错图》中记载了很多福建的鱼。比方说这幅（ ）。配文中说："刺鱼，产闽海。身圆无鳞，略如河豚状而有斑（ ）周身皆刺，棘手难捉。"

考证这种鱼，几乎不用费劲。哪怕你（ ）有什么鱼类学知识，也能一下猜个八九不离十。因为它的（ ）（ ）名，经常出现在纪录片、动画片中。没错，就是那个一生（ ）就膨胀成一个刺球的刺鲀。

刺鲀是鲀形目、刺鲀科鱼类的统称。它符合《海错图》中的一切描述：产于东海、南海，自然包括"闽海"；被捞起来时身体会受惊胀圆，即"身圆"；全身覆盖着皮肤，即"无鳞"；与河豚是亲戚，同属鲀形目，当然"略如河豚状"了；最显著的特点，就是身上有很多鳞片特化而成的刺，即"周身皆刺棘"。

再看这张图，也基本完全对应，除了背鳍太靠前了点儿、多画了一对腹鳍（刺鲀只有臀鳍，无腹鳍）。这应该算正常的记忆误差。

X光下的刺鲀，可以看到每根刺的根部都有分叉，埋在皮肤下，保证刺的稳固

124

既然鉴定得这么容易，那不妨再深入一下，看看这幅画里的可能是哪一种刺鲀。

哪种刺鲀？

《海错图》里这条刺鲀的一大特点，就是周身都均匀分布

（一）

短刺鲀属、刺鲀属和冠刺鲀属。其中只有刺鲀属的艾氏刺鲀、六斑刺鲀、密斑刺鲀浑身有点点，其他刺鲀的身上都是大斑块。所以，《海错图》里画的应该是它们仨中的一种。

刺鲀属的刺可动，平时贴在身体上，膨胀时才立起来。这个属里的密斑刺鲀（左）和六斑刺鲀（右）是中国最常见的两种刺鲀，它们最可能是《海错图》中的『刺鱼』

圆短刺鲀属的『眶棘圆短刺鲀』

短刺鲀属的刺不可动，始终直立

气球还是水球？

刺鲀平时身体修长，受惊时吞水胀圆，刺立起

④

悬以充玩

平时的刺鲀，身体是修长的，一旦被渔民捞上来，就会立刻吞下大量空气，胀成球状，立起刺。这是它的御敌姿态。这样一来，在海里天敌就下不去嘴了。用在渔民这里，也会让人"棘手难捉"。

由于被捞上来后，刺鲀吞咽的是空气，变成了"气球"。于是有些"伪科普"就编造说：刺鲀在水中遇到天敌，就立刻冲到水面吞咽空气……这也太假了。刺鲀常生活在十几米深的水里，而且鲀类游泳又是出了名的慢，冲向水面刚到半截就被天敌吃了，哪还等得到胀成球？

实际上，刺鲀在海里是就地吞水，把自己变成"水球"。被捞上来后，它还想继续吞水，可鱼已离水，就只能吞空气了。

从《海错图》里的记载看，当时清朝人并不爱吃刺鲀。他们认为刺鲀"不堪食"，只能晒干了"为儿童戏"。怎么玩呢？它的另一个名字"泡鱼"揭示了方法："吹之如泡，可悬玩。"就是把刺鲀吹鼓了，晒干成标本，将它的球样固定下来，挂起来玩。要是大个儿的鱼，还能"去其肉，可为鱼灯"。想象一下，用木棍拴上线，挂上一只圆鼓鼓的刺鲀标本，薄薄的鱼皮内透出烛光，一定是孩子们最珍视的玩具。

在今天，海边的特产店依然可见鼓成球的刺鲀标本，供游客买回家当摆设。除此以外，今人也开发出了一些刺鲀的

吃法。要知道，刺鲀不像河豚那样毒性大，鱼皮和鱼肉更是无毒，吃起来比河豚要放心多了。

日本冲绳有一种做法，是把肉切成大块，再用味噌煮成汤，据说吃起来不像鱼肉，比鸡肉还要细嫩。

……近年渔业枯竭，刺鲀一回还行。澎湖人出海一圈，有时啥都捞不到，却收上来满船的刺鲀。为了让消费者接受这种怪鱼，渔民开始搞刺鲀美食游（让游客捧着活鱼玩一会儿，拍拍照，再吃一顿刺鲀宴），还研究了各种吃法。台湾媒体也请渔民在电视上现场做料理，帮渔民打开市场。

澎湖的做法有这些：把肉切成片涮锅，或者按三杯鸡的做法弄好，放在铁板上吱吱作响。最好吃的，还得说是刺鲀的皮。把刚打上来的刺鲀剥皮，煮熟，再立刻冷藏。一冷一热后，皮里的刺就松动了。再用钳子一根根拔掉刺，切成

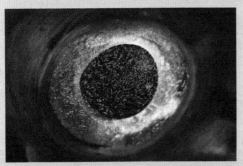

活的刺鲀眼睛有美丽的色彩，像是里面正在开演唱会，有无数蓝色和绿色的荧光棒

台湾海边商店里悬挂的刺鲀标本，被安上了毫无生气的假眼

条，做成凉拌刺鲀皮。沾点儿酱油放在嘴里，嚼起来嘎吱嘎吱的，毫无腥味。

中国大陆则喜欢把刺鲀皮晒成干。总有网友拍下亲友赠送的刺鲀皮干，问我怎么吃。和墨鱼干、老母鸡炖汤就可以，拔不拔刺都行。炖得鱼皮里的胶质完全发起来，抿一口，黏得糊嘴。

《海错图》里还画了一种"箭猪"，模样奇怪，但文字描述比较清楚："项脊间有箭，白本黑端，人逐之则激发之，亦能射狼虎。但身小如獴状。"这肯定说的是华中、华南广布的豪猪。

豪猪虽叫猪，却是啮齿目的，和老鼠是亲戚。它长着黑白相间的大刺，被天敌攻击时，虽不会把刺发射出去，但也能背对天敌，甩动尾巴，发出"哗哗"的警诫声。一旦天敌进攻，必然被扎一身刺。豪猪和刺鲀都是一身刺，让古人产生了联想，误以为大型的刺鲀可以变成豪猪。聂璜还为此写了个《刺鱼化箭猪赞》：

> 海底刺鱼，
>
> 有如伏弩。
>
> 化为箭猪，
>
> 亦射狼虎。

刺鲀当然不会上岸化为豪猪，但岸上也常能见到它们。刺鲀喜欢在浅海的暗礁间游动，离岸非常近。我在泰国浮潜时，有一次刚下水，就在一米多深的水里看到一条六斑刺鲀躲在珊瑚洞里，露出个大脑袋，噘个小嘴，拿大眼睛瞟我。

在这么浅的海里活动，意味着它们死后很容易被浪推上岸。加上它的皮比较硬，不易腐烂，于是在热带、亚热带的沙滩上常能看到死去的刺鲀。此刻，它们终于彻底泄了气，永不愤怒，静待身体化为尘土。

《海错图》里的箭猪画像虽怪，但根据文字可以确定，就是中国中南部广布的豪猪

被冲上岸的刺鲀尸体，不能化为豪猪，只能化为尘土

閩海有一種水沫魚係水
沫結成柔軟而明徹照見
其中若有骨節狀其寔無
骨也不但無骨而且無肉
就陽曦一照則竟乾如薄
䗫而無矣字彙魚部有鮇
字註云海中魚似鮑子謂
即此魚可當之

水沫魚贊

柔如蝦蟹透若水晶
就日則枯在水無痕

【水沫鱼】 透若水晶，食雪在洋

这种透明的小鱼，美得像水沫凝结而成。谁能想到，它长大之后，竟是如雷贯耳的著名河鲜。

不但无骨，而且无肉

一

翻看《海错图》的时候，一不留神就会错过这条"水沫鱼"。它又小又细，没有颜色，没有鳍，只是一根长条，要不是长着个鱼头，都看不出来是鱼。

配文说，这是一种福建海里的鱼，身体是透明的，"柔软而明澈"，迎着光看，能"照见其中若有骨节状"。聂璜用白色的细笔画出了鱼体内的缕缕白丝，看着像是鱼骨。但聂璜指出："其实无骨也。"就是说，这些看似鱼骨的细丝并不是骨头。

他还进一步说这鱼"不但无骨，而且无肉。就阳曦一照，则竟干如薄纸而无矣"。这鱼得多薄啊，太阳一照，竟然能干成薄薄的纸状，像消失了一样！

无骨无肉，那水沫鱼的身体是什么"材料"的呢？聂璜认为，它的质感和水里的泡沫最像，所以一定是由水沫凝结而成的生物。他写的《水沫鱼赞》，把这种轻薄透明的鱼描述得画面感十足：

> 柔如败絮，
> 透若水晶。
> 就日则枯，
> 在水无痕。

鳀的幼鱼被日本人称为"白子"。它有分叉的尾鳍，体侧还有黑点，不符合水沫鱼的形象

鳗鲡的柳叶状幼体。注意身体最下面的那条白线，那是消化道，基本就是一根直肠子，极为简单

透明的柳叶

二

这是什么鱼？有学者认为是鳀（音tí）的幼鱼。鳀是小型鱼，经常被晒成小鱼干。它的幼鱼浑身透明，乍一看是有点儿像，但细一琢磨不对。幼鳀的胸鳍、背鳍、尾鳍一应俱全，和水沫鱼浑身无鳍不符；幼鳀身体有两列黑点，水沫鱼没有；幼鳀身体呈圆柱状，肉饱满，绝非"无骨无肉"。所以，水沫鱼肯定不是鳀。

其实答案很清楚，水沫鱼就是鳗鲡目鱼类的柳叶状幼体。鳗鱼饭里的美味——鳗鲡、深海里的大嘴怪——宽咽鱼、水族馆里的明星——裸胸鳝和管鼻鯙，都是鳗鲡目的。

鳗鲡、宽咽鱼、裸胸鳝都是鳗鲡目的，它们小时候都会经历柳叶状幼体期

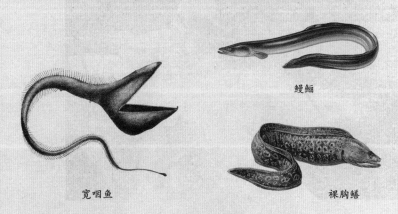

鳗鲡

宽咽鱼

裸胸鳝

133

各种鳗鲡目成员的成体虽然差别很大，但小时候都要经过一个模样类似的"柳叶状幼体期"，或称"柳叶鳗期"。这时的它们和《海错图》里的水沫鱼一模一样：身体呈扁平的柳叶状，无色透明，头部很小，身体上有细细的纹路，中间一根脊椎骨贯穿全身。它的身体不是由肉构成，而是胶质的"黏多糖"构成的，加上骨头超细，所以聂璜说水沫鱼没骨没肉，也是有点儿道理。

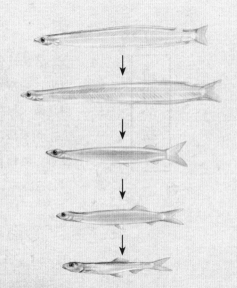

大海鲢（左下）外形和鳗鱼完全不像，但它的发育也要经历柳叶状幼体期（右上），这表示它和鳗鲡目其实是很近的亲戚——海鲢目和鳗鲡目同属海鲢总目。但是大海鲢的柳叶幼体有分叉的尾鳍，所以水沫鱼应该不是它

柳叶鳗的身体极度简化，在大海中随波漂流

欧洲鳗鲡的生活史。成年鳗在淡水河里生活几年后，会来到大西洋中的一片神秘海域——马尾藻海，在这里产卵（日本鳗鲡则会游到太平洋的马里亚纳海沟西南产卵）。孵出的柳叶鳗一路随洋流回到河口，变成细长的玻璃鳗，进入淡水

诡异的食谱

（三）

柳叶状幼体透明得一览无余，但科学家却看不透它，甚至一想到它就愁得头大。

人类研究得最多的，就是鳗鲡的柳叶状幼体——柳叶鳗。因为鳗鲡是各国重要的食用鱼，导致人类捕捞野生鳗鱼太厉害，现在日本鳗鲡成了濒危物种，欧洲鳗鲡更惨，属极危物种。要想以后还能吃到鳗鱼，必须开展人工繁殖。

可是人工繁殖太难了。成年鳗倒是会在人工水池里产卵，刚孵出来的小鱼叫"柳叶鳗前期"，只要吃点儿东西，就会变成柳叶鳗。可无论喂什么，它都不吃，20多天后就死了。把幼鳗养到柳叶鳗期，一直是人类的目标。

为了研制饲料，日本科学家就去海里捞柳叶鳗，解剖它的消化道，看看里面有啥。你猜怎么着？什么都没有！于是有人猜测，是不是它根本就不吃东西，靠身体表面吸收海水里的营

养？也有人猜，是不是消化太快，肚子里存不住东西？

日本人不死心，继续解剖，终于找到了一点儿东西——海雪。名字很美，其实就是海里的有机物碎屑黏在一起形成的黏液团。它们会慢慢向海底沉去，就像下雪。柳叶鳗竟然吃这个！

知道了食谱，下一步就是制作"人工海雪"了。在试过鱼、虾、蟹、海蜇、蛋黄都失败之后，日本学者研制出了一种饲料，成分诡异：把鲨鱼卵打成粉，调成膏状。幼鳗孵化后0~8天投喂鲨鱼卵膏，8~18天在鲨鱼卵膏内加入大豆肽和磷虾提取液，18天后再加入复合维生素和复合矿物质。只见幼鳗碰碰饲料膏，一口咬住，拽下一块就吞。吃了！20天后，它们成功变成了柳叶鳗！

柳叶鳗集体向着河口
洄游的场景

日本渔民夜里聚在吉野川，捕捞来到河口的玻璃鳗，再把玻璃鳗放在养殖场养大出售。在人工繁殖技术尚未走出实验室之前，这是养殖鳗鱼的唯一方法。名为养殖，其实消耗的还是野生的资源。

突破这一难关，后面的事就好办了。柳叶鳗顺利成长，进入了"玻璃鳗期"。这时它们依然透明，但身体变细，和成体很像了。

然后，它们身体变黑，进入"鳗线期"。再一路长大，经过"黄鳗期"和"银鳗期"，变成了成年鳗鱼。

2010年，日本终于做到了完全人工养殖鳗鱼。在研究室的鱼缸里，透明的柳叶鳗欢快地游动着。然而成功只限于实验室，人工繁殖的鳗鱼大量上市，还遥遥无期。

聂璜对"水沫鱼"的记载，只有96个字。他绝对不会想到，这条鱼的故事，至今还没有写完。

鰽魚江寧志中與鱭魚並載杭州志中與鱭魚並
載廣州謂之三鱭之魚福興漳泉亦有鰽魚閩志
亦載產江浙者取於江味美產閩者取於海味差
劣閩中亦不重鰽者時也江東四月有之而閩海
則夏秋冬亦有彙苑云此魚鱗白如銀多骨而速
腐是以醉鰽魚欲久藏始醃浸時挼鹽必重亦謂
之箭魚以其腹下刺如矢鏃

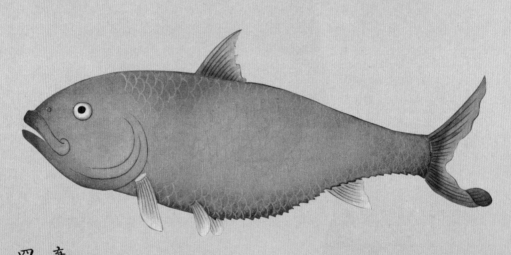

鰽魚賛

棄骨取腴魚中罕匹

四月江南時哉勿失

【鲥鱼】 机不可失，鲥不再来

有一种鱼，每年应时而来，每一次到来，都会引出一段风波。

腹下有箭
（一）

鲥（音shí）鱼，是大名鼎鼎的"长江三鲜"之一，无数人心中的梦幻之鱼。

但它若摆在你面前，不告诉你是鲥鱼，你可能都不会正眼瞧它，因为它长相太路人了。体形毫无特点，体色也仅是"鳞白如银"而已。

这种路人脸，是它所在的鲱科鱼的共同样貌。鲱科的鳞容易脱落，腹鳍在腹位，没有侧线。这些特征表明，它们是硬骨鱼里比较原始的类群。然而这些特点都很隐蔽，在外行人眼里，它们就是一群毫无特点的鱼。

聂璜一定观察过鲥鱼的实物，因为他画出了两个更为细微的特征：（1）腹下有一排锯齿状的刺，并配文"亦谓之'箭鱼'，以其腹下刺如矢镞"。这排刺在科学上叫"大型而锐利的棱鳞"。（2）他特意用绿色勾勒鱼鳞，说明他参考的应该是一条鲜活的鱼。因为活体鲥鱼是泛着蓝绿色的光泽的，但死后不久，光泽就会褪去。

鲥者时也
（二）

既然见到了鲜活鲥鱼，聂璜怎么也得大吃一顿，赞美一番吧？可是他为鲥鱼写的配文意外得少，没什么兴致的样子。

从这寥寥数行中，大概能猜出原因。聂璜常年住在福建，他吃了福建海里的鲥鱼，不太满意："（鲥鱼）产江浙者，取于江，味美。产闽者，取于海，味差劣。"所以福建人并不看重它。

鲥鱼的美味与否，是严格与时令捆绑的。"鲥者，时

清蒸，配以香菇、火腿、笋片、酒糟，是鲥鱼的经典做法

也"，鲥鱼正是因其极强的时令性而得名。它虽是"江鲜"，实际上大部分时间在海里待着。农历四月，开始洄游，进入淡水，这时才变得肥美。

鲥鱼除了游进长江，也游进钱塘江、珠江。聂璜说鲥鱼在广州叫"三黎之鱼"，虽然今天有美食家说三黎指的是鲥鱼的亲戚——斑鰶（音jì），但我看了一些古籍和老广东人的回忆后，感觉三黎本应是鲥鱼，后来鲥鱼资源衰竭，才改指斑鰶。不管怎样，鲥鱼确实在多条大江中繁盛过，并非长江特产。

世人，包括聂璜，独尊长江鲥鱼为最佳，其实过于迂腐了。聂璜在福建吃的鲥鱼是"取于海"的，自然"味差劣"，要是在洄游季捞到游进河里的，不管是哪条河，味道应该都不错。

拿进入长江的鲥鱼来说吧，大部分会进入鄱阳湖，再进入赣江产卵。小部分到达湖南城陵矶后，再分两路，一路沿着长江继续走，最远到达宜昌；另一路进入洞庭湖，入湘江，最后来到长沙、湘潭产卵。

进入江河的鲥鱼就都变好吃了吗？不，要刚刚入江、游到江浙地区的鲥鱼才最肥美，鲥鱼进入淡水后几乎不吃东西，只靠消耗自身脂肪，越游越瘦，游到江西时，已经没有吃头了，甚至被侮辱性地称为"瘟鱼"。明代的《菽园杂记》里就说："鲥鱼尤吴人所珍，而江西人以为'瘟鱼'，不食。"

鳞下之美

说到鲥鱼，几乎所有人都会脱口而出一个典故："张爱玲说过，人生有三大恨事：'鲥鱼多刺、海棠无香、红楼梦未完。'"

这句话挺文艺的，大家都用，用到快成为张爱玲最有名的一句话了，用到好多人以为这句话是张爱玲原创的。

其实看一下出处，你会发现，这三恨中的两恨，是张爱玲引用别人的话。她在《红楼梦魇》里的原句是：

"有人说过'三大恨事'是一恨鲥鱼多刺，二恨海棠无香，第三件不记得了，也许因为我下意识地觉得应当是'三恨红楼梦未完'。"

《红楼梦魇》是张爱玲考据《红楼梦》的著作，她借用古人说的前两恨，引出自己的第三恨，借以带出《红楼梦》的内容。

前两恨的原作者是宋代的名士彭渊材，而且他的完整版不是三恨，而是五恨。宋代僧人释惠洪的《冷斋夜话》写道："彭渊材……所恨者五事耳……第一恨鲥鱼多骨，第二恨金橘大酸，第三恨莼菜性冷，第四恨海棠无香，第五恨曾子固不能作诗。"

下次别人跟你念叨张爱玲的三恨时，你就回以彭渊材的五恨，占领文艺制高点。

话说回来，宋朝名士对鲥鱼这么痴迷，说明鲥鱼是真的好吃。自古以来就有"宁吃鲥鱼一口，不吃草鱼一斗"之说（草鱼：我做错了什么？）。鲥鱼虽刺多，但肉质极其细腻，吃过的人有三个字的评语——"透骨鲜"，值得花时间抿着吃。

做鲥鱼时，有个细节见成败：鱼鳞不能刮。鲥鱼的鳞下有一层脂肪，一刮鳞，脂肪也被刮掉了。这层脂肪最香，蒸鱼时，它会沁入鱼肉。有的厨师嫌不够，还要裹一层猪网油，把火腿、笋片、酒糟交替摆在鱼身上同蒸。尤其是那笋，要选和鲥鱼一同上市的江南春笋，二鲜合为一处，正是苏东坡所言："尚有桃花春气在，此中风味胜莼鲈。"

鲥鱼鳞下有鲜美的脂肪层，烹饪时不可刮鳞

鲥贡逸事
（四）

鲥鱼的另一著名身份，就是皇室贡品。明清两代，都有专门的"鲥贡"，这里面有好多有意思的事。

明洪武元年，朱元璋刚当上皇帝就立下规矩：每年四月要向宗庙进献鲥鱼。听上去很厉害的样子。但是四月的贡品同时还有樱桃、梅子、杏、雏鸡，都是寻常之物。所以，鲥鱼此时只是一个"时令小吃"的角色，地位并不很高。当时明朝的都城是南京，挨着长江口，本来就是产鲥鱼的地方，所以随捞随上贡，很方便。把鲥鱼列为贡品，可能也有这方面的原因。

朱棣迁都北京后，为了遵守祖宗之法，依然要保证贡品里有鲥鱼。于是"鲥贡"独立成了一项任务，被特殊对待。和其他贡品不同，鲥鱼极易腐败。据说从江里捞起

我在南京燕子矶头拍到的长江。明代的"鲥鱼厂"就设在这附近

来，挑着担子运到江边的城里，风味都会变差，更别提运到北京了。

所以，南京燕子矶附近的观音岩建起了一座"鲥鱼厂"。这里紧挨长江，方便处理鲜活鲥鱼。厂里还有冰窖，提供运鱼所需的冰。

那么南京的鲥鱼多久能送到北京？明代官史中没有记载，只在明人沈德符的笔记《万历野获编》中有记载。鲥鱼是四月出产，沈德符说，五月十五日要用鲜鲥鱼祭祀南京明孝陵（朱元璋陵墓），然后开船北上，"限定六月末旬到京，以七月初一日荐太庙，然后供御膳。其船昼夜前征，所至求冰易换，急如星火"。

四月的鱼，七月皇上才吃到，这还叫急如星火？简直是对星火的侮辱！然而这记载很可信，因为沈德符亲自上过贡船。在船上，他目睹了一个更残酷的事实：本应每到一处就换冰保鲜，但由于官员腐败，竟然"实不用冰，惟折干（用钱代替冰块）而行"。冰块被换成了钱，钱被官员贪了。船上的鲥鱼"皆臭秽不可向迩（靠近）"，使沈德符"几欲呕死"。

贡船不止一条，邻船有朋友请沈德符去谈诗论文。一登上邻船，沈惊讶地发现船舱整洁，毫无臭味。一问才知，是朋友给了船主点儿好处，把贡鱼移到别的船上了。

几船恐怖的臭鱼到了北京，"始洗刷进充玉食"。先贡到太庙，熏一熏列祖列宗，然后皇上的母亲先吃，皇上再吃，最后赐给大臣们。皇上身边的宦官"杂调鸡豕笋俎，以乱其气"，用其他食材味道盖住臭味，却依然"不堪下箸"。

就算味儿不对，但皇上赐的鱼，大臣们不敢说不好。皇上自己呢，估计压根儿就没吃过鲜鲥鱼，以为鲥鱼就这个味儿呢，满朝上下就这么稀里糊涂地吃着臭鱼，岁月静好。

据沈德符说，后来有一位"大珰"（当权的大宦官）从北京到南方上任。有一天吃饱了骂厨子：正是鲥鱼产季，为什么不给我做鲜鲥鱼！厨子说每顿都给您做啊……宦官不信，直到看见后厨拿来的鱼，才惊讶道，样子倒是和我在北京吃过的一样，"然何以不臭腐耶？"闻者捧腹。

可见，明朝中后期，鲥贡已变成了腐败的温床，渔民不堪其扰，官员中饱私囊。

到了清朝初年，鲥贡依然存在，但改成了快马接力，效率一下子就提高了。康熙年间沈名荪、吴嘉纪的鲥贡诗里写过："三千里路不三日""君不见金台铁瓮路三千，却限时辰二十二"。也就是说，江南到北京接近3 000里路，竟然只用22个时辰（44个小时）就到了，不到两天！和明朝的几个月简直是天壤之别。这是怎么办到的？原来是要遍设驿站，白天挂旌旗，晚上挂灯，几千匹马接力传递，骑马人不能吃饭，只能在马背上用生鸡蛋和着酒咽下。沿途的官员带着民夫修桥补路，唯恐马在自己的地盘摔倒。"马伤人死何足论，只求好鱼呈至尊。"官员倒是没有明朝腐败了，但劳民的程度更严重了。

对明朝来说，鲥贡是祖宗之法，不好废除。但清朝就没这个限制了。后来，康熙帝结束了大规模的鲥贡，改收"鲥鱼折价银"，乾隆时又免除了鲥鱼折价银。但小规模的鲥贡一直没有停止，毕竟皇上家总是要吃鲥鱼的。

鲥鱼已死

㈤

中华人民共和国成立后，长江鲥鱼的产量呈现出一个诡异的曲线。20世纪60年代时，产量稳定，每年约为309吨~584吨，70年代突然波动极大，1971年跌落到超低的74吨，1974年又飙升到史上最高的1574吨，之后又断崖式地下降。进入80年代，已经苟延残喘。1986年仅为12吨，已经没有鱼汛了。

捞了上千年都没事儿，怎么短短几十年就没了？首先，鲥鱼刚一进长江，就要面对比古代更多的渔网的过滤。幸存者到了产卵的地方——江西峡江，已经瘦骨嶙峋。古代江西人看不上这种"瘟鱼"，不会捕捞，正好给它们产卵的机会。现代人却在峡江布下三层流刺网，白天捞完夜里接着捞。

侥幸孵化的幼鱼，会按祖先的路线游进鄱阳湖，准备养肥身体再回到大海。但鄱阳湖渔民早已等在这里，用极细的毫网捞起幼鱼，晒干了做饲料，喂鸭子。1973年，仅湖口一县就能捞起7.74吨幼鲥鱼干。幼鱼，还晒成干，7.74吨，这是多少条？据说是4 000多万条。

江边越来越多的工厂排放的污水，索鱼性命更是轻而易

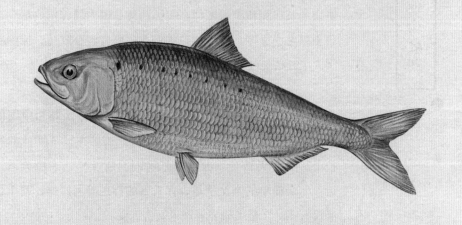

鲥鱼的替代者——美国西鲱

我在宁波餐馆拍到的这几条鱼，虽然标牌上写着「长江鲥鱼」，但实际上是美国西鲱

举。每天排入江里的污水，都是以百吨为单位计算的。

最后，赣江的一个个水坝，彻底摧毁了鲥鱼的产卵场。鱼产卵需要流速急的水来刺激，建了坝，水流变缓，鱼产不出卵，甚至根本越不过去坝。

从90年代至今，长江水产研究所只是1998年时在江苏采集到一条鲥鱼，除此以外，一无所获。珠江、钱塘江也是如此。

鲥鱼已经消失几十年了。它的味道只有一些上岁数的人才说得出了。

他山之鲥

〈六〉

今天的市面上，依然有鲥鱼，但只有两个来源：东南亚进口的长尾鲥和美国西鲱。美国西鲱在国内已养殖成功，市场上以它为最多。中国鲥鱼的商业化繁育没有成功，标榜着"人工养殖长江鲥鱼"的，其实都是美国西鲱。

我问过几位鱼类研究者，怎么区分美国西鲱和中国的鲥鱼，他们表示，除了鳞片、鳍条个数这种极其细微的特征外，几乎无法一眼分辨。二者同属鲥亚科，亲缘关系很近。"最简单的方法就是，你看到的都是美国西鲱，鲥鱼已经没有了。"鱼类研究者周卓诚告诉我。

在美国西鲱的老家——美国，你会看到和中国完全不同的场景。4月，西鲱密密麻麻地涌进河流，大批美国人开着房车来钓鱼，一钓好几天，热热闹闹。

在美国超市里，美国西鲱的鱼子很受欢迎，卖得较贵。鱼本身却非常便宜，因为美国人不爱吃刺多的鱼。识货的华人常会买两条，解解想吃鲥鱼的馋，据说味道和鲥鱼差不多。至于西鲱卵，有的华人把它夸上了天，说"有莴苣清香，蜜橘甜润，又有牛肉、羊肉、螃蟹、蛤蜊的香味"，有的华人却吃不出哪里好来。我没吃过，没法评价。

有意思的是，美国西鲱也衰败过，原因和中国鲥鱼一样：滥捕、污染、建大坝。曾几何时，多条河流都不见了西鲱的踪影。但是美国后来开始下大力气复育西鲱：治理污染，开展增殖放流，严格禁渔，在大坝上修建过鱼设施，甚至拆除了很多大坝。

效果慢慢显现。拿科纳温戈（Conowingo）大坝来说，1972年开始出现美国西鲱，80年代每年能捞到100条，2010年左右突破了27 000条，已足够供钓客休闲。

我相信，中国的海里还隐藏着一些鲥鱼，静静等待着回家的那一天。它们能等到吗？

1890年，美国捕捞美国西鲱的场景。过量的捕捞曾让美国西鲱一度减少

科纳温戈大坝前的钓客钓到了一条美国西鲱。这个大坝有鱼梯，可以让西鲱游到上游

海鰻浙閩廣海中俱有口內之牙中央又起
一道身無鱗而上下有翅人畜死於海者多
穴於其腹海中有巨鰍無巨鰻多在海岸
故漁人每得之海鰍多穴大洋海底日本外
國善取亦至大邊海漁人從無捕得者字彙
云鰻無鱗甲腹白而大背青色有雄無雌以
影漫鱧而生子故謂之鰻海鰻亦然海中
雜魚似鰻非鰻者甚多如鰻腮紅鰻鱓虎等
魚大約皆因鰻涎而生者也本草鰻魚去風
日華子曰海鰻平有毒治皮膚惡瘡疥痔等
又名慈鰻鱺狗魚

海鰻贊

似鰌嘴長比鱬多翅

食者療風本草所識

【海鳗】 三排利齿，潜龙在渊

海边的市场经常挂满了一种巨大的鳗鱼。它是很多鱼类的噩梦，也给人类留下了深深的味蕾印记。

颠倒的一排牙

一

宣传《海错图笔记》第一册时，我接受了不少采访。好多媒体都问过我一个问题："如果穿越回康熙年间，和聂璜见面，你有什么想对他说的？"

我回答："我想跟他说，最好照着实物画，千万别凭感觉，这样我考证起来很麻烦！"

什么叫"凭感觉画"？拿这张"海鳗"图举例吧。这鱼好认，形似鳗，嘴裂大，有利齿，头尖长，再配上文字一看，显然就是海鳗科的海鳗，从古至今连名字都没变。

但有个细节吸引了我。聂璜说海鳗"口内之牙中央又起一道"，就是说口腔中央又长了一排牙，这排牙被他画在了下颌上。有意思哈，我之前在市场上见过不少海鳗，还真没注意过这个特征。赶紧找出拍过的海鳗照片，可惜都没拍到下颌的细节。

直到翻到一张在东京筑地市场拍的照片时，我才有了发现：照片中，一条海鳗的下颌断掉了，露出了上颌内部，看到了！一排牙清清楚楚地长在上颌的中央。我查了一下，这排牙是长在上牙膛的犁骨上的，所以叫"犁骨牙"，可以有效钩住猎物。

海鳗的上颌中央长有一排犁骨牙，下颌只有正常的左右两排牙

上颌有这排牙已经确认了，下颌呢？我翻遍手头的书，都写得不明不白。最后无奈，大半夜的在微信上询问鱼类学博士李昂。正好他没睡，跟我说："很多骨骼标本爱好者会收藏海鳗的头骨，网上有不少这样的图。"说着就给我发来了几张，瞬间解决了问题：下颌只有左右两排牙，中间没牙。

想想我也真是笨，鱼类的下颌骨是V字形的，中间是空的，根本没骨头，牙长在哪？长在舌头上？简直搞笑。凭这点，就知道聂璜画得不合理。

所以，聂璜肯定是听说过或者见过海鳗上颌的那排牙，但画画时记错了，把它安在了下颌上。他记错了不要紧，把我折腾了一通。

海鳗的外形和河鳗相似，但口裂更大

穴中蛟龙
（二）

2008年，浙江温岭渔民抓到了一条长1.8米的大海鳗。他拎起一条普通长度的海鳗与其对比

海鳗和河鳗（做鳗鱼饭的那种，正名日本鳗鲡）是亲戚，区别在于海鳗个儿更大，能长到两米多，而且海鳗的嘴更长，牙更尖，像远古的沧龙。和它一比，河鳗简直就是一张小学生的乖乖脸。

海鳗一般不游进河里，都是在海里待着。但它也不往深里走，只在浅海。全身躲在礁石中或者藏进沙子里，露出脑袋，有时连脑袋都不露，只留一个小孔呼吸。据在厦门海边长大的《厦门晚报》前总编辑朱家麟老先生回忆，孩子们会在退大潮时，去浅水中找这些小孔踩住，海鳗憋得难受就会蠕动。他们用脚感受到海鳗的身体形状，摸索到鳗头，掐住鳃后软肉，就能整条拎出来。掐鳃很重要：掐了，鳗就会老实很多；不掐，它就要翻江倒海，再一扭头咬掉你的手指。

影漫于鳢

（三）

聂璜写海鳗时，似乎有点儿没得聊，为了缓解尴尬，就闲扯了好多东西，反而更尴尬了。

比如他谈到海鳗生在近海时，竟然拿海鳅（鲸）作对比，说什么海鳗生在近岸，所以渔民经常抓到；而鲸鱼生在远海大洋，只有"日本外国善取"。海鳗和鲸有一毛钱关系吗？是一个层次的东西吗？为什么要强行扯在一起？凑字数？

他还嫌字数不够，又扯了扯"鳗"字的来历，说鳗"有雄无雌，以影漫鳢而生子，故谓之鳗"。这一句其实是古人对河鳗（日本鳗鲡）的猜测。河鳗的习性很奇怪，要游到遥远的马里亚纳群岛附近才会怀孕产卵，所以中国人从来没见过抱卵的河鳗，自然就以为它只有雄性，没有雌性。

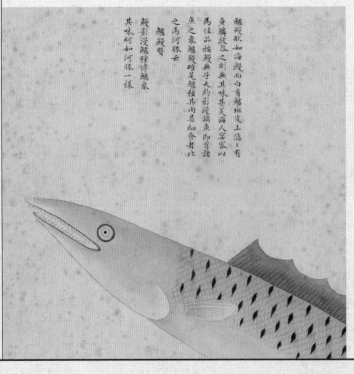

鳗鲡状如海鳗而白首鳝斑定上溏：有
鱼鳝纹浓之则无其味甚美海人�',家以
为佳品拨藏无子大约潜消诸鱼即肯诸
鱼之象鳗鲡确是鳗种其肉甚细食者此
之为河豚云
鳗鲡赞
载影漫鳢种传鳝卷
其味何如河豚一样

《海错图》里还有一张"鲈鳗"，说它身上有鲈鱼一样的斑点，肉质鲜嫩，适合宴客。今天，鲈鳗指的是国家二级保护动物花鳗鲡。聂璜看它身上有鲈斑，就猜它是鳗鱼"影漫于鲈"生出来的

鲈鳗太长，常被分段售卖。身上的黑斑是它与日本鳗鲡的区别

厦门第八市场的人工养殖鲈鳗（花鳗鲡）。它比日本鳗鲡更粗更长，身上有斑驳的黑斑。我吃过一次，真的好吃，菜在桌子上转过一圈，就被抢光了

古人就纳闷了：那河鳗怎么繁殖呢？这时他们观察到，常和河鳗生活在一起的鳢（黑鱼），鳍条上经常有红色线状生物寄生，好似鳗鱼的幼体，就自作主张地认为河鳗只要把自己的影子"漫（投射）"到鳢身上，幼鳗就会从鳢的鳍上生出来（"其子皆附鳢之鬐鬣而生"）。聂璜说，"鳗"字就是由"以影漫鳢"的"漫"字而来的。

其实那些线状物是"嗜子宫线虫"的雌虫，被它寄生了，就叫"红线虫病"，是鳢类的常见病，和河鳗没关系。"鳗"字从"漫"而来也很牵强。按造字规律，"鳗"应该从"曼"而来。曼者，长也。鳗即是"很长的鱼"之意，这样才合理。

可你聂璜画的是海鳗啊？写一堆河鳗的传说干吗？不要紧，他在最后加了4个字"海鳗亦然"，一下就全套到海鳗身上了。真够糊弄事儿的。我觉得他写海鳗的时候可能喝高了。

和细骨作战

㈣

日本人管海鳗叫"hamo"，汉字写作"鱧"。乍一看，是不是受了中国"以影漫鱧"的影响？不过日本人是这样解释的：海鳗的牙齿锋利，善于"咬む"（kamu）和"食む"(hamu)，两种发音最后转化为"鱧"（hamo）。

以前交通不发达，海鱼在夏天运到日本京都时都死掉了，只有顽强的海鳗还活着，所以倍受京都人珍爱。京都人对时令食物有一种执念，到了什么季节，就要吃什么食物，到了夏天，就要吃海鳗。7月的重大节日"祇园祭"甚至有个别名"鱧祭"。此时，是开心地大吃海鳗的时候。

但海鳗有个缺点：浑身都是细小的Y形骨刺，吃着扎嘴，防不胜防。日本厨师用一种"骨切り"的技法来应对：每一寸肉切24刀，切的时候咔嚓作响，骨刺皆被切断，但断骨不断皮，直到24刀完毕，才彻底斩断，这为一段。

切好的海鳗段下锅一汆，马上卷成了一朵"白牡丹花"，名曰"chiri"或"otoshi"。配上梅子酱，就是传统的京都吃法。肉里的刺已经很碎，直接吃下去也没关系。

中国福建的做法稍微粗犷一点儿，先横切成大段，再纵切成条。倒是也斩断了些刺，但不太彻底，吃时还要小心。

闽南人痴迷一道菜——海鳗头炖当归，据说是"生猛第一汤"，主治头风（长时间头疼）。吃鳗头就治头风，可惜人类没尾巴，否则吃鳗尾可能也治尾巴风。

「骨切り」法：每寸肉切24刀，断骨不断皮

新风鳗鲞

（五）

海鳗在中国最著名的吃法要数鳗鲞（音xiǎng）了。浙江宁波、舟山、温州等地喜欢这样做。和日本人在夏天吃鳗不同，中国鳗鲞要在冬至制作。大鳗剖开，去内脏，用木棍撑起，挂在通风的地方一周。风够大的话，一两天就制作成功了。

好的鳗鲞是用干燥的北风吹干的，不是晒干的，这是重点。虽然冬至的阳光已经很温柔，但晒大发的话，鳗身会"走油"，产生一股桐油味，毁了。

春节前的那段日子，走进温州、宁波、上海的菜市场，就像走进了溶洞。洞顶垂下来的一根根"钟乳石"，是一条条鳗鲞。它们是年货的主力。浙江一带文人多，鳗鲞借着他们的笔，也出了名。

当年冬天做好的鳗鲞，叫"新风鳗鲞"。这个名字有魔力，如果叫"海鳗干"，那我绝对不会买，听着就又腥又硬。可"新风鳗鲞"却自带一股醇雅的香，脑中自然浮现出一个接近年关的下午时光，从一年的忙碌中沉静下来，哼着小曲，把鳗鲞蒸熟，撕成丝，蘸着酱油醋，下一壶酒，这一年才算是好好地过去了。

春节前的上海市场，挂满了新风鳗鲞

2015年，上海虹口区的这家菜市场开展了「代客风鳗」活动，客人指定一条鳗，摊主就把它做成鳗鲞。这家菜市场屋顶很高，通风而不晒，正适合做鲞

銅盆魚土稱也其色紅黃而體
長圓故名大者如海鯽但色紅
而鱗細有不同耳產閩海閩志
載有銅盆魚然閩東北海上亦
有此魚另有一名不曰銅盆大
餘時海為之赤

銅盆魚贊

蠣稱海鏡螺作手巾
魚中器皿更有銅盆

【铜盆鱼】 加吉进禄，可喜可贺

长得像铜盆的鱼，是什么样子？·其实还挺好看的。

三鲷大杂烩

一

"铜盆鱼，土称也。其色红黄而体长圆，故名。"按聂璜的说法，这种"铜盆鱼"体色像红铜，又圆乎乎的，才得了这么个名字。这幅画也确实体现了这些特征。

那么它是哪种鱼呢？我们从背鳍着手吧。许多鱼的背鳍前后形态不一，前半部的鳍条很硬，都是大粗刺，称为"鳍棘部"，后半部的鳍条很软，都是小细丝，称为"鳍条部"。两部分之间有明显的分界线，有时甚至会完全分开，变成两个背鳍。

这条鱼的鳍棘部和鳍条部就分开了，而且鳍条部向后延长得很厉害。再配合鱼的体形来看，像是石鲈科、髭鲷属的，加之髭鲷在民间确实有"铜盆鱼"的俗名，所以，破案了？

等会儿。只看身体轮廓，是髭鲷，但问题是，中国有三种髭鲷：横带髭鲷、斜带髭鲷、纵带髭鲷，每一种都有明显的黑色带纹，这一点画作中没有体现。而且这三种髭鲷的体色要么是灰褐色，要么是土黄色，跟红铜色都不沾边儿。

若论鲜红的体色，笛鲷科的一些种类，比如红鳍笛鲷，倒是挺符合，那身子是真红啊。但是它们的俗名都是"红鱼""赤笔仔"之类，没有"铜盆鱼"的叫法，而且聂璜说："东北海上亦有此鱼。"可笛鲷都在南边暖海里，也排除掉吧。

横带髭鲷

真鲷

下面看第三位"嫌疑人"：鲷科的真鲷。它的体色正是铜一样的金属红，身体符合"长圆"，从北到南的海里都有，而且喜欢成群游动，洄游时往往聚成大群，符合聂璜说的"大发时，海为之赤"。最重要的是，真鲷至今仍被很多地方的人称为"铜盆鱼"！

看来，《海错图》里的铜盆鱼最有可能是真鲷了。唯一的问题是，真鲷的"鳍条部"只是微微鼓起，没有画中那么夸张。我猜，由于老百姓管好几种鱼都叫"铜盆鱼"，所以聂璜画画时脑子有点儿乱，把几种鱼的特征都画在一起了。

真正的鲷鱼

二

上面提到的这三种鱼，虽然都叫鲷，却分属三个科：髭鲷科、笛鲷科和鲷科。严格来说，只有鲷科鱼才算真正意义上的鲷鱼。

而真鲷，又是鲷科中最具代表性的一种。看它的名字，真鲷，不就是"真正的鲷鱼"吗？

其实，这里的"真"不完全是真正的意思，它来自日语。日本人给生物起名时，如果某一种生物是它这个类群里最常见、最具代表性的，就会被冠以"真××"的名字，所以真鲷的意思就是"最标准、最具代表性的鲷"。

日本浮世绘画家歌川广重笔下的真鲷

鱼
之
王

（三）

真鲷在日本确实占据了"鲷类代言鱼"的地位。日语里有黑鲷、姬鲷、血鲷等多种鱼名，但如果只说"鲷"（音tai）这个字，不加任何前缀，那指的就是真鲷。

真鲷被日本人封为"鱼の王様"，还有"人乃武士，柱乃桧木，鱼乃鲷"的说法，类似于"人中吕布，马中赤兔"。逢年过节、结婚、婴儿出生时，桌上少不了一盘鲷鱼。相扑手在晋级时，也会举起一尾一米多长的大真鲷庆祝。

鲷鱼的日语发音"たい"，让人联想到"めでたい"（可喜可贺），加上它身体是喜庆的红色，所以非常受日本人欢迎。

日本相扑手菊次一弘晋升为『大关』等级时，举起一尾大真鲷庆祝

加吉？家鸡？

④

说起讨口彩，中国怎么会输给日本呢？就拿真鲷来说吧，在中国，它同样是吉祥的象征，尤其是在山东沿海，讲究在办喜事时吃真鲷，因为它的山东俗名叫"加吉鱼"。吉上加吉，不吃它吃谁！

不是叫鲷吗，怎么又改"加吉"了？

我翻了翻书，发现汉朝的《说文解字》里有一个词"鮥鲯"，是一种鱼的名字，《说文解字》对它只有三个字的介绍：出东莱。

汉朝的东莱，就在山东伸进大海的那一块儿，后来这一带改称登州、莱州，"鮥鲯"就产在这里。但这个词到后世就变成了另一个名字：嘉鲯。清代的桂馥为《说文解字》里的"鮥鲯"注解到："今莱州三四月间，此鱼极多，大头，丰脊，色微红，莱人谓之'夹鲯'。"这些形态特征明显是真鲷。清代山东学者郝懿行更是直截了当地点明："鮥鲯即嘉鲯，盖一物二种或古今异名也。"

看来，山东人最开始管真鲷叫鮥鲯，后来叫嘉鲯。嘉鲯的发音又生出了各种写法，比如《莱州府志》写成"鉤鲯"；《即墨县志》写成"佳期鱼"；《招远县志》写成"家鸡鱼"，还解释道"以肉洁白似鸡"，一本正经的样子让我相当佩服。

民国时的《牟平县志》已经开始把嘉鲯称为"加级鱼"了，这时的它，已经有了升官加级的寓意，再继续变化，终于成了今天的"加吉鱼"。

加腊？棘鬣？

（五）

山东的志书都说嘉鱲只产在登莱，"他处则无"，其实北到丹东，南到海南，整个中国海里全有真鲷分布。山东人不知道，可能是因为真鲷在南方的名字走了另一个风格。

浙江人普遍称它"铜盆鱼"。民国《定海县志》："鲷……即铜盆鱼。"民国《鄞县通志·博物志》也说："铜盆鱼……一名鲷，又名过腊，以其腊来春去，故名。"

发现了吧，浙江的主流叫法是铜盆鱼，但也有"过腊"的叫法。浙江属于南北方的过渡区，再往南，到了福建，"过腊"就彻底占据主流了，而且还衍生出好多读音变化。清代郭柏苍的《海错百一录》载："过腊，按福州呼'棘鬣'，以其鬣如棘也……泉州呼'髻鬣'，又呼'奇鬣'。"念念这几个名字，全是同一读音的不同写法。今天厦门人管真鲷叫"加腊"，也是一脉相承。

椿芽一寸，嘉鱲一坌

（六）

虽然南北方名称不同，但大家都认可一点：春天的真鲷最好吃。

农历三四月，它们就从韩国济州岛海域大批游到中国产卵了。此时，正赶上山东的香椿发芽。当地有谚："椿芽一寸，嘉鱲一坌（音bèn，聚积）。"当然这是文雅的说法，老百姓说的是"香椿咕嘟嘴儿，加吉就离水儿"。

此时，对岸的日本人也在眼巴巴地盼着鲷鱼过来。他们选择了另一种春天的植物作为指示：樱花。樱花开时捕捞上来的真鲷，称为"樱鲷"，是极上妙品。待到它们产完卵，就变得枯瘦瘠薄，迅速堕落为"麦秆鲷"。秋天，真鲷准备攒肉过冬，又肥起来了，于是获得了"红叶鲷"的美名。

用应季的植物形容应季的动物，是东亚人擅长的趣味。这给人一种感觉：东亚的动物和植物好像是历久情坚的朋友，年年都要一起聚聚。

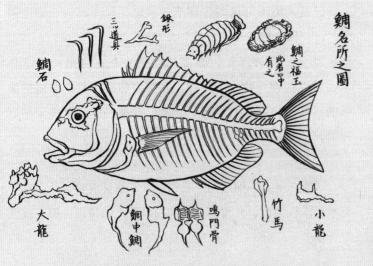

鲷名所之圖

「鲷的九种道具」图解

吃完鲷肉，日本人有一项游戏：收集鲷的九个特定部位（鲷の九つ道具），集齐了，就能心想事成，跟集七龙珠一样。这九个部位分别是鲷中鲷、大龙、小龙、鲷石、三道具、锹形、竹马、鸣门骨、鲷之福玉。

前八个都是骨头，最后一个不是每个鲷都会有的，它是鲷嘴里的一种寄生虫：多瘤破裂鱼虫。

几年前，有过这样一条新闻：在美国和澳大利亚的海里，人们发现一种"缩头鱼虱"会钻进鱼嘴，吸干鱼的舌头，然

鲷的九种道具

（七）

后固定在鱼嘴里，承担起舌头的功能，自己只是吃一点儿鱼的体液，对鱼没有危害，双方就这样诡异地和谐共处。

多瘤破裂鱼虫是缩头鱼虱的亲戚，二者长得极为相似，而且都住在鱼嘴里。不同的是，多瘤破裂鱼虫对鱼是有伤害的。它们一公一母两口子挤在真鲷的嘴里，让真鲷吞咽困难，时间长了，会造成口腔变形，营养不良。

但是人类不管这些，还把多瘤破裂鱼虫称为"鲷之福玉"。"福"相当于"吉祥"，"玉"相当于"球"，"福玉"就是"吉祥球"。京都的艺伎会在正月里拎着这种球，球里包着一些小吉祥物。我猜多瘤破裂鱼虫酷似椭圆形的日本古代金币"小判"，所以就被当作了鱼嘴里的吉祥物。

"鲷之福玉"能吃吗？当然，这东西又没毒。什么味？有些日本人尝过，并留下了"味同鲷鱼"的评语。嗯，好像很合理……

这只小丑鱼嘴里藏着一只缩头鱼虱。真鲷嘴里的「鲷之福玉」也是类似的情况

日本的「鲷茶渍」，也就是鲷鱼茶泡饭。先尝两口刺身，再倒入热茶。最好盖上盖子焖一会再吃，让鲷鱼的味道渗入米饭中

清淡的至味

八

如果你买到了一条春天的鲷鱼，一定要珍惜。好好琢磨琢磨，该怎么做了它？

如果鱼够新鲜，可以用日本的做法：刺身。真鲷的味道非常淡，但是日本古人的饮食也很清淡，味蕾比较清爽，能尝出鲷肉的那种王者的甘味。现代人经历过各种浓烈香味的攻击，反而觉得真鲷没什么味了。一些美食家对此颇为遗憾，大叹人心不古。饮食文化学者藤原昌高说："有人吃了野生真鲷的寿司，觉得脂肪不够肥美，可真鲷的美味不是单以脂肪决定的呀！"

中国人更看重鲷的头部，因为做熟后，躯干肉会略显粗硬，只有头部那些小块的肉才是嫩的。而头部最好吃的，就是眼睛后面那块肉。正所谓"味丰在首，首丰在眼，葱酒蒸之为珍味"。老厦门人喜欢用真鲷鱼头炖白菜，炖得汤汁如乳泉，金黄的鱼油漂起来，排着队贴在半透明的白菜叶上。

在真鲷的北方老家——胶东半岛，有一种更时令的吃法。加吉上岸时不是冒香椿芽了吗？正好，焖鱼时，把香椿铺在上面，或者塞进鱼肚子，二香归一。吃完肉后，再把头和骨余个汤，原汤化原食，齐活。

瀨新求及閩廣皆産本草獨稱當州烏
賊魚何其隱也辨其肉能益氣強志骨
末和醋療人目中醫云性嗜烏每浮水
上烏見以爲死啄其鬚反捲而入水以噉言
爲烏之賊也陶隱居云此是鷁烏所化
今其咮尚存細似烏圓存其像及
骨以俟耕者南越志稱烏賊有碇遇風
便虬前虹下碇石而長鬚米如纜繞柂
之海人飲曰統腯肉帶八小絛似足非
足似鬚非鬚並有細孔能吸粘諸物口
藏鬚中類冬
多誠散海上故名海蝶蝤腹藏墨烟過
大魚及洞呂則噴墨以自還烏欲令者
每爲墨烟所迷漁人反用其墨而蝶蝣
得之及入細猾噴墨不止異以傳脫敢
墨魚在水白及入網而售於市則其
體常黑矣鮮黑性寒不宜人晚乾共人
稱爲蝶蝣味如鱶魚巻謂黑則本草所
云墨遠是之復日海外更有一種大者
也漢
重載飾背有花紋剖而乾之名日花脂
其味香美更勝烏賊子喉不及見不復
再爲圖論也考類烏賊書云烏
傳爲秦始皇所遺算爰爰於海而變爰之
荷包姝而觀之令人想易象於括囊
也予訪之海上見墨魚生子紫囊如賣
珠而皆黑奇之又見有小爲賊其形如
指益圓之以泰論陶隱居鷁烏所化之
哉以見化生之中又有卵生也

墨魚贊
一肚好墨其大閒香
可惜無用送海龍王

此墨魚之嘴
堅黑如烏啄
縮于頸肉不
可見

小墨魚
名墨斗

此墨魚背骨即
海蝶蛸是也

【墨鱼】 一肚好墨，送海龙王

墨鱼就是乌贼，是我们再熟悉不过的海鲜。可要问它为什么叫乌贼，八成你会卡壳。关于乌贼，还有很多类似的知识点被我们忽视。

偷乌鸦的贼？

一

鱼档里的虎斑乌贼。这是南海最常见的一种乌贼

"墨鱼，土名也。"聂璜丝毫不掩饰他对这个名字的鄙视。的确，不管是古代还是现代，"墨鱼"都是不正规的民间俗称。它的正式名称是"乌贼"，属于头足纲，乌贼目。

为什么叫乌贼呢？《尔雅翼》《南越志》等古籍中有一种解释：乌贼会浮在水面装死，吸引爱吃尸体的乌鸦来啄食。乌鸦刚一落，乌贼就会用"须子"抱住乌鸦，拖入水中食之。于是人们就称这种动物为"偷乌鸦的贼"，简称乌贼。

这故事过于离谱，就连《尔雅翼》的作者都觉得"似无是理也"。其实再查查史料就会发现，是先有"乌贼"一名，后人再编了个偷袭乌鸦的故事附会上去的。既然如此，我们就要重新找寻"乌贼"一名的来历了。

其实"乌"字很好理解，乌贼会喷墨汁嘛。那"贼"字又从何而来呢？翻开中国的第一本字典——汉代的《说文解字》，你会发现，乌贼是写作"乌鲗"的。也就是说，这个动物最早是叫"乌鲗"，后来由于古音里"鲗"和贼同音，才慢慢被写成了"乌贼"。

八短二长

二

乌贼嘴边有十条"须子"，八条较短，两条特别长。关于这八条短须，《海错图》有描述："绕唇肉带八小条，似足非足，似髯非髯，并有细孔，能吸粘诸物。"看似是足，但足怎么会长在头上？看似胡子，可胡子怎么是肉质的？现代科学干脆单给这些须子起了个名字——腕，省去纠缠。

另外两根特长的须子，则叫"触腕"。它们有什么特

殊用处吗？聂璜想起《南越志》里讲过，乌贼遇风浪，便会用它的须子"下碇"。碇就是拴船的石头，下碇就是把船拴在岸边的石头上，或者把拴着缆绳的石头扔进海里让船停住，类似抛锚。聂璜一看，乌贼的这两根长须很像缆绳啊，是否就是"下碇"用的呢？他询问渔人，得到回复："风浪大的时候，乌贼确实会用须子黏在石头上，保持稳定。"

乌贼真有这种行为吗？实际上，遇到大浪时，它一般会潜到深水躲避，用不着抱着石头。可万一它来不及下潜，会不会就近抱住一块呢？不得而知。但有一点是肯定的：那两根特长的触腕，主要功能不是用来抱石，而是捕猎。乌贼看到小猎物后，会突然射出触腕，抓住后拖回嘴边，其他的八条腕再一起帮忙，将猎物控制住。

风头麦鸡是常见的水鸟，有人认为它就是传说中能变成乌贼的「鹱乌」

此墨鱼之嘴坚黑如鸟啄缩于鬂内不可见

《海错图》里的乌贼嘴

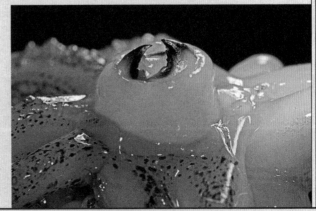

真实的乌贼嘴

口似乌嘴，非是乌化

（三）

《海错图》里的乌贼幼体：「墨斗」

《海错图》中的「鸔乌化墨鱼」

墨斗本是古代木匠画直线用的工具，里面能装墨。小乌贼和墨斗大小相似，肚内又都有墨，所以用「墨斗」来称呼它

在乌贼旁边，聂璜还画了一个鹦鹉嘴一样的东西，旁有注释："此墨鱼之嘴，坚黑如乌啄，缩于须内不可见。"这就是乌贼的嘴，更准确地说，是"角质颚"。

这角质颚看上去和鸟喙极像。古人据此又开始联想了，说乌贼是由一种叫"鸔（音bǔ）乌"的水鸟变成的。据说这种鸟后背绿色，腹翅紫白色，似雁而较大。有人考证为凤头麦鸡。但凤头麦鸡明明比雁小啊……不管了，反正是某种鸟。传说鸔乌入水就化为乌贼，乌贼嘴和鸟喙这么像就是证明嘛。

但是聂璜有疑问了。他可是亲眼见过乌贼的卵和刚孵化的小乌贼，还画下了它的样子，在旁注明："小墨鱼，名'墨斗'。"如果乌贼是鸟变的，那就不该有卵啊。而且渔民告诉聂璜，乌贼三四月来近海产卵，五六月小乌贼孵化，和大乌贼一起回到远海，秋冬就捞不到了，全程都没有"鸔乌"出镜，所以聂璜觉得"鸔乌化乌贼"的说法不太可信。

当然不可信了。乌贼嘴是为了咬住光滑的鱼、嚼碎坚硬的虾蟹才长成这样的，和鸟喙相似只是巧合。

172

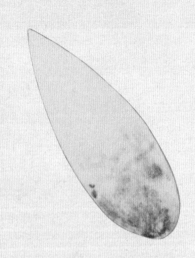

《海错图》里的墨鱼骨

被冲上岸的墨鱼骨

无针乌贼属　　　乌贼属　　　异针乌贼属

乌贼科有三个属，根据内壳的形状就能区分它们

壳藏肉中

（四）

在乌贼嘴旁，聂璜又画了个白色水滴状物体，注曰："此墨鱼背骨，即海螵蛸是也。"这块"背骨"埋在乌贼后背的肉里，中文科学名字是"内壳"。

在远古时代，乌贼的祖先有海螺一样的外壳，只露出脑袋。但是背着外壳，实在行动不便，所以壳慢慢缩小，演化到乌贼这里，已经变成水滴状，藏在体内，不承担保护身体的作用了。

但是内壳也不是完全没用。第一，它能支撑身体，保持身体形状。第二，它有无数微小的气室，乌贼向气室里充水排水，就能上浮和下沉。

拿起一块内壳观察，你会发现上面有年轮一样的生长纹。乌贼刚孵化时，大概有10层生长纹。随着乌贼长大，内壳也一层一层地长，每长一层，就叠加一层小气室。热带的乌贼一天长一层纹，温带的乌贼几天长一层，很有规律。数数生长纹，就能估算乌贼的年龄。

乌贼死后尸体分解，只剩内壳。别看壳挺厚，但充满气室，非常轻，正如《海错图》里所说："背骨轻浮……往往浮出海上。"浮在海面的内壳，常被冲上沙滩。去海边玩时，很容易就能捡到一块。看上去光洁坚硬，用指甲轻轻一划，竟是一道印，质地相当疏松。中医里，把乌贼内壳称为"海螵蛸"或"乌贼骨"。如果你家养着鹦鹉或仓鼠，可以去药铺买一块海螵蛸，放在笼子里让它们啃，既能磨牙磨喙，又能补钙。

对虎皮鹦鹉来说，啃啃墨鱼骨，既能补钙，又是一种消遣

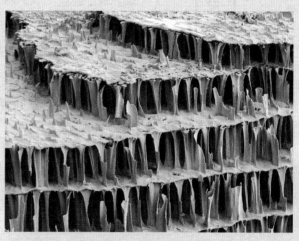

在电子显微镜下，墨鱼骨一层一层的气室结构清晰可见

乌贼在水下喷墨的场景

【墨鱼】

墨汁虽好，保质不长

（五）

乌贼最招牌的本领当然是喷墨了。《海错图》里说乌贼"腹藏墨烟，遇大鱼及网罟（音gǔ）则喷墨以自匿"。乌贼体内有个墨囊，一旦遇到危险就喷出墨汁，在水下形成一团黑雾，挡住敌人视线，趁机逃走。

被捞进网里后，乌贼还会徒劳地喷墨，试图迷惑"网"这个天敌，但是没用了。聂璜说，这就是为什么"墨鱼在水身白，及入网而售于市则体常黑矣"。

当时民间还有一种说法：乌贼的墨喷出去后，还能再吸回体内。聂璜认为有道理，因为"乌贼微躯，怀墨有限，苟能吐不能收，安得几许松烟为大海做墨池乎？"其实他也不想想，乌贼喷墨是为了掩护自己逃走，如果喷完了再待在原地吸回去，那还有什么意义？乌贼的墨汁是源源不断产生的，喷完了过段时间，墨囊又会装满墨，不用替它操心。

说了半天墨汁，其实乌贼的墨和写字的墨还是有本质区别的。写字的墨，主要成分是碳，它非常稳定，所以写出的字几千年都不褪色。而乌贼墨由黑色素、氨基酸、黏液组

175

成，非常容易变质。《尔雅翼》记载，心术不正的人会偷偷用乌贼墨来写借条，一年后，墨迹就会分解消失，只剩白纸，这时就可以赖账不还钱了。

这么纯天然的墨，却不能写字，聂璜遗憾地为此写了首《墨鱼赞》：

> 一肚好墨，
> 真大国香。
> 可惜无用，
> 送海龙王。

鲜食可口，干制宜人

（六）

聂璜认为，新鲜的乌贼吃下去"性寒，不宜人"，最好腌成干。墨鱼干被吴人称为"螟蜅（音 míng pú）"，吃起来"味如鳆鱼"。鳆鱼就是鲍鱼，那可是相当好吃了。

中国人经常选用"日本无针乌贼"（曾用名"曼氏无针乌贼"）来制作墨鱼干。叫"无针"，是因为这种乌贼的内壳末端缺少一个骨针。它身体末端有个腺孔，活着时总流出褐色分泌物，所以俗名臭屁股、疴血乌贼。成年的日本无针乌贼肉比较硬，不适合鲜食，还是晒成干比较好。

金乌贼、虎斑乌贼、拟目乌贼也是中国海域常见的种类，它们较多用来鲜食。沿海菜市场水槽里游动的活乌贼，通常就是这三种。切条炒炒，或者打碎做成墨鱼丸、墨鱼滑吧。如果买到雌乌贼，还能剖出另一福利：乌鱼蛋（缠卵腺），做汤最鲜。

晒墨鱼干

和大个儿乌贼相比，幼年乌贼——墨鱼仔更受欢迎。它体壁薄，口感更嫩，酱烧、涮锅、炒韭菜，甚至做成冒菜，轻松胜任各种烹饪。

日本人吃乌贼，刺身是永远少不了的选项。把外皮扒掉，里面的白肉切花刀，略过一下热水，做成握寿司。不过很多日本人觉得，做成一夜干（腌制风干一晚上）似乎更好吃一点儿。

乌贼的墨囊别扔，里面的墨汁也能吃！虽然有点儿毒（用来麻痹天敌），但做熟了就没毒了。山东人把它和进面里，包成漆黑的墨鱼饺子，反而看了食欲大开。意大利人也用它和面，做成黑色面条。再提供一个菜谱：把白萝卜丝和碎乌贼肉调调味，加入乌贼墨汁快炒出锅。全家的筷子伸向这盘黑乎乎的菜，翻着眼珠咂摸咂摸，再互相看看对方的大黑嘴，餐桌上顿时热闹了起来。

福建市场上，摊主把乌贼的缠卵腺——乌鱼蛋单独剖出来售卖

我去青岛的书店办《海错图笔记》第一册的讲座后，书店的人请我吃了墨鱼饺子。皮里有墨鱼汁，馅里有墨鱼肉

七里香贊
魚不在大
有香則名
香不在多
有美則珍

海馬贊
馬終毛蟲毛以裸繼
裸蟲首蠶蠶馬同氣

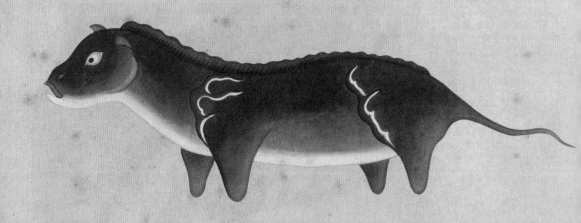

178

【海马、七里香】 同宗同族，龙马精神

海马与海龙，听上去都是能翻江倒海的怪兽，其实它们在现实中是人畜无害的小可爱。

闲
得
五
脊
六
兽

●

海
里
的
火
焰

●

在华北和东北，如果谁家孩子成天无所事事，在家晃荡，大人就会说他："这孩子，闲得五脊六兽的。"

在这里，"五脊六兽"表示的是"极度无聊导致的心烦意乱、无所适从"这样一种状态。这是一个微妙的词，拿我的家乡北京来说，日常聊天时，每个人都理解它的含义，甚至莫名觉得它非常形象、难以替代。但真要解释一下为什么"五脊六兽"是这个意思，大家又语塞了，只能搬出英语老师的名言："这是固定搭配。"

其实，这个词的本义来自中国传统建筑的屋顶。平民的房屋一般是卷棚顶，没有正脊，而等级高的建筑往往有正脊。正脊加上四条垂脊，这为五脊。正脊两端各有一个兽头（鸱吻），四条垂脊上又各有一个兽头（垂兽），这为六兽。有种说法是，五脊六兽的房子是富人才有的，富家子弟天天无所事事，五脊六兽形容的就是这种闲出屁的状态。原因是否如此，现在已经很难考证了。

民间的富人，一般到六兽就可以了，如果再加兽，必须要有更高的等级才行。在清代官式建筑中，垂脊或戗脊上会再设置一排小兽，称为"走兽"。兽越多，建筑的等级越高。

全中国走兽最多的建筑，就是故宫太和殿。它的每条垂脊上有10个走兽，第一个"仙人"和最后一个"垂兽"不

仙人　龙　凤　狮子　海马　天马　押鱼　狻猊　獬豸　斗牛　行什　垂兽

北京故宫太和殿的仙人、走兽和垂兽

故宫修缮殿宇时替
换下来的康熙年间
走兽——海马。身
上有火焰纹是其
特点

算，其他兽是这样排列的：一龙二凤三狮子，四海马五天马六押鱼七狻猊，八獬豸九斗牛十行什。

其中，海马和天马外形极似，都是骏马的形状。区别在于，天马长着翅膀，海马则身披火焰。

身上带火，住在海里，那不都浇灭了吗？不要较真儿，这个神兽就是这么设计的。《海错图》里有它的全身高清大图，是一匹长着鱼鳍和鱼嘴、腋下和腹股沟呼呼冒火的马。

怪脾气的骨头

（三）

聂璜说，火焰正是这种传说生物的最大特点："海马之年久者，身上有火焰斑。其游泳于海也，止露头，上半身每露火焰，艇人多能见之。"听上去似乎有目击案例的样子。

而且它偶尔还会被渔民捞起："渔人网中得海马或海猪，并称不吉……其身皆油，不堪食。"有厚厚的皮下脂肪，又和海猪（海豚）并列，似乎是某种海洋哺乳动物。

还有更切实的证据：骨头和牙齿。"今台湾人多以海马骨作念珠，云能止血。"聂璜继续介绍道。他还说，海马骨非常坚硬，水火都不能毁掉它，但是一旦用它击打皂角和狗，就会立刻破碎。这是什么奇怪的设定？

聂璜没见过海马骨，却有一颗友人赠予的海马牙。此牙大如拇指，聂璜把它视为"海马真迹"。遗憾的是，他没把这颗牙画在《海错图》里。

这种身带火焰的马状生物，我认为只存在于传说里。渔民捞起来的那些，如果确有其物的话，可能是海豹。除了

欧洲神话里的"海马"，是一种马头鱼尾兽，传说海神波塞冬的战车就是它拉着的

海象的头骨。它的长牙被中国人称为"海马牙"或"虬角"

"其身皆油"的特点吻合外，还因为海豹在古代有一个别名叫"海驴"，很容易传成海马。

至于聂璜手里的那颗海马牙，或许来自海象。

海象生活在北极附近，它的巨大牙齿在清代被俄罗斯人卖到中国，作为象牙的替代品。国人称其为"虬角"，古玩界的念法是qiū jué。民国时期的收藏家赵汝珍在《古玩指南》中说："象牙之伪者为海马牙，京市呼为虬角。"这样看来，海马牙的主人应该就是海象，而"海马骨"的描述过于离奇，还是归为志怪传说比较合适。

鱼虾虫马，四位一体

（四）

除了这只神兽，聂璜还画了一张"药物海马"图。这张就好认多了，是今天人人皆知的海洋小鱼——海马。

外形古怪的海马，全身被一圈圈骨质环包围，僵硬而佝偻。大部分古人根据这样的体形，把海马归为虾类。金陵本《本草纲目》里，直接把海马画成了一只大虾。

聂璜对此有话要说。据他所知，福建和广东多有海马，常常混在渔获中被捞上岸。他还曾亲自把海马养在水中观察，发现它"辫有划水及翅而善跃"。海马的胸鳍长在脑袋边上，看上去就像两个小辫子，这显然不是虾的特征。

据此，聂璜否定了海马是虾的说法，但可惜的是，他也否认它是鱼，而认为它是"海虫"。算了，海马长得太怪，认不出来情有可原。

海马全身被骨质环包围，喜欢用尾巴缠在海藻上

《海错图》里的「药物海马」图

海中小龙

（五）

我们再来看第三幅画：七里香。这是一条"闽海小鱼"，身体细长，皮肤有方棱（也是骨质环），像一条迷你龙。

这个鱼在今天叫"海龙"，分类学上是海马的亲戚。其实很容易看出它俩的亲戚关系，海龙就是个掰直了、抻长了的海马。

海马生活在海里，但某些海龙可以进入淡水。中国南部那些直接入海的小河里，藏着横带海龙、无棘海龙、短海龙等好几种海龙。我拜访过台湾的鱼类达人林春吉，他养过好几种台湾河流里的淡水海龙。按他的经验，这些海龙几乎只吃一种食物——抱卵的米虾的卵。直接把卵取下来扔给它还不行，非得把抱卵的活虾扔进去，它才会偷偷摸摸地盯着虾肚子，再冷不丁地用尖嘴吸几颗卵。

海龙搜寻猎物的姿态，颇有龙韵

与海马相比，海龙的泳技要高一点儿，但也没高到哪去。海马基本已经放弃游泳了，每天就用尾巴卷住海藻、珊瑚，看到哪个小海虫爬过来，就用细嘴嘬进去。海龙好歹大部分时间还是游泳的，聂璜在它的尾巴末端画了一个扇形的小尾鳍，这是它可怜的游泳工具。

我在泰国潜水时见过一只小海龙，它贴着海底，慢悠悠地蛇形前进，很有耐心地歪头观察每一个礁石缝隙，寻找食物。我对能歪头、扭头的动物是很有好感的，觉得它们"有脖子"，动作很像人，有灵气，比如螳螂，比如海龙。

19世纪西方科学手绘中的海马和海龙，可见二者的相似之处

ZOOLOGIE.

ICHTHYOLOGIE.   Ostéodermes.

Pretre pinx.   Turpin direx!   Forestier sculp!

1. HIPPOCAMPE FILAMENTEUX.
2. SYNGNATHE AIGUILLE.

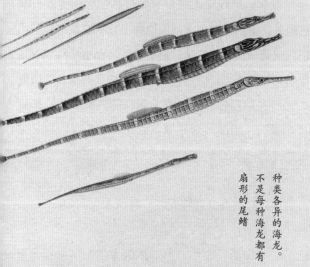

种类各异的海龙。不是每种海龙都有扇形的尾鳍

瘦弱小鱼，何以补阳

（六）

海马在交配前，先雌雄成对缠绵，然后雌性把卵产在雄性的育儿袋里，稚鱼孵化后，雄鱼就挤压腹部把它们排出来

既然把海马称为"药物海马"，那它有什么药效呢？聂璜说："妇人难产，烧末饮服，手持亦可。"古代医书都采用这种说法，而且认为海龙的药效比海马还强。《本草纲目拾遗》载："海龙功倍海马，催生尤捷效，握之即产。"

烧成末喝了还可以理解，手持是什么操作？产妇只要握着海马，孩子就能"卟叽"生下来？

来看看医家是怎么解释的。《本草纲目》说："海马雌雄成对，其性温暖，有交感之义，故难产及阳虚房中方术多用之。"原来，海马在繁殖季节会雌雄成对，长时间缠绵在一起。古人让产妇握着海马，是为了取其"交感之义"。这么看来，与其说是治疗，不如说是图个吉利。

今天医学昌明，已经没有人难产时握海马了。人们的关注点转向了海马和海龙的另一功效：壮阳。理由还一样：既然它们总是雌雄缠绵，说明身体不错啊，按照吃啥补啥的原理，一定可以扶阳道吧。

古人是瞎联想，那现代人有没有做过科学验证呢？日本和中国有过报告，说海马和海龙的提取物能让小白鼠的精子活力增加。但这只是最初级的成果，连实验者自己也承认"对其缺乏较系统研究"。要想证明它对人也有用，还有很长的路要走。另外，还有实验声称海马、海龙能抗癌、抗疲劳、抗衰老、抗骨质疏松……当然，这些说法也止步于小鼠。我总觉得，一种东西要是号称百病全治，就要打个问号了。

而且，用作药材的海马和海龙，还有两个大问题。

一是造假。中国药科大学、第二军医大学的研究者在市场调查中发现，有商贩为了增重，往海马腹内填充胶、水泥、树脂，加进去的杂物最多可达海马自身重量的170%，比海马自己还重。有的渔民抓到海马时，活着灌胶，并用线扎紧海马的嘴，晾干出售。剖开这样的药材，能看到海马全身的骨节之间完全渗满了胶，没有一丝空隙。而人们用海马煲汤、泡酒时，通常会整个放入，不会掰开，因此难以发现。

二是资源。中国在20世纪50年代就开始尝试养殖海马、海龙，但一直被饵料、病害问题困扰，投入大于产出，养殖场纷纷关闭。2009年后，技术有了突破，养殖进入了产业化阶段，但依然面临种质退化、繁殖率低的问题，远远谈不上成熟。同时，国内对海马、海龙的需求巨大，不但药铺里卖，餐厅里有海马酒、海龙酒，连夜市上都有炸海马、炸海龙。人工个体无法满足市场，大部分还得靠野外捕获。

中国海里的海马、海龙已经在一次又一次的捕捞中枯竭了，于是，马来西亚、菲律宾、埃及、印尼的海马、海龙们被迫结束了慢节奏的生活，流入中国，变成绑在一起的干尸。它们旁边的宣传板上印着肌肉发达的猛男，效果如何，我不敢妄言。唯一能确认的是，这些猛男的阳刚和肌肉靠的是健身，而不是皮包骨的小鱼。

香港药房里的海龙

海龙在求偶时会双尾交缠在一起很长时间

康熙丙子夏月福寧州魚市

有崔魚貌頗逸勒予往觀而

圖存之考之州誌海物中有

崔魚而諸類書無聞焉是魚

咏長碻肖崔形而尾端綠岐

按鶴同鶴今字彙魚部有鰝

字不止作大蝦觧也亦當同

鶴則不讓鮷魚獨專美矣

　崔魚贊

白崔入海追踪魚樂

悮入禹門脫白掛綠

188

【隺鱼】 仙鹤入海，脱白挂绿

海里有长着仙鹤嘴的鱼吗？有。除了鹤嘴，它还有一个低调的特点：骨头是绿的。

鳄形圆颌针鱼是中国南方海里的凶猛角色，相比其他的圆颌针鱼，它的身体相当壮实有力

赶紧去看鱼！

张汉逸是《海错图》里经常出现的一个人名，历史上没有关于此人的记载，可聂璜总是提到他。他一会儿给聂璜讲海边逸事，一会儿给聂璜画自己见过的生物，看来是一位福建当地的"海鲜达人"。在《海错图》的文字中，你能感到，聂璜对这位老哥是相当崇拜的，可以说是张汉逸的粉丝了。

何以见得？从一个字就能看出。在"崔鱼"这幅画旁有一句话："康熙丙子夏月，福宁州鱼市有崔鱼。张汉逸勒予往观而图存之。"翻译过来就是："公元1696年夏天，福宁州（今福建宁德一带）的市场有一种'崔鱼'卖。张汉逸让我去看，我看完后画了下来。""张汉逸勒予"的"勒"字，有强迫、命令的意思。就是说，老张大概是用命令的口气跟聂璜说："鱼市上又来新鱼了，你不是爱画鱼吗，赶紧去看！"聂璜八成是一哈腰一点头："哎！这就去。"然后夹着笔和纸，颠儿颠儿地跑了。

老张推荐的鱼，怎能不重视？聂璜给这条鱼安排了超大的版面，按今天杂志编辑的术语，几乎是"全跨页"了。不但个儿大，鱼本身也画得超级认真，明显是按实物写生而成。鱼头的形状、鱼身的颜色、鱼鳍的形状和位置，都极为准确。根据这张图，完全可以一眼鉴定到目：颌针鱼目。

仙鹤嘴和地包天

二

如果细看，还能进一步鉴定。按最新的分类法，颌针鱼目里有5个科：大颌鳉科、飞鱼科、鱵科、竹刀鱼科、颌针鱼科。其中有大长嘴的，只有鱵科和颌针鱼科。

这两个科很容易区分：如果上下颌都长，像仙鹤嘴的，就是颌针鱼科；如果只有下颌长，像超级"地包天"的，就是鱵科。《海错图》里的雀鱼，上下颌都长，自然是颌针鱼科了。

雀其实就是鹤的另一种写法，读音也与"鹤"相同，所以雀鱼就是鹤鱼。正好，颌针鱼科又名鹤鱵科，古今可谓一脉相承了。

能不能再进一步，鉴定到属呢？它的尾鳍是深叉状，身体粗壮，所以要么是扁颌针鱼属，要么是圆颌针鱼属。而它背鳍和臀鳍的起始位置正好相对，没有一前一后，这正是圆颌针鱼属的特点。

好了，到此为止吧。再想鉴定到种就难了，要看牙齿的倾斜角度、鳍条的个数才行，聂璜画的时候肯定没考虑这些，所以肯定画得不准，没什么参考价值。不要太贪心，就把这张画定为"颌针鱼科、圆颌针鱼属"吧。

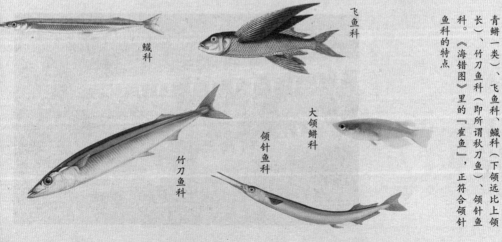

鱵科

飞鱼科

竹刀鱼科

大颌鳉科

颌针鱼科

颌针鱼目里有5个科：大颌鳉科（淡水里的青鳉一类）、飞鱼科、鱵科（下颌远比上颌长）、竹刀鱼科（即所谓秋刀鱼）、颌针鱼科。《海错图》里的"雀鱼"，正符合颌针鱼科的特点

渔夫都怕的鱼

飞鱼会飞，大家都知道。但你可能不知道，飞鱼的亲戚——颌针鱼科的鱼也会"飞"。

不过，颌针鱼飞得没飞鱼好，毕竟它没有发达的"翅膀"，说"蹿"可能更合适些。它会在身体冲出水面后，用尾鳍击打水面，在空中蹿一段距离。

而且和飞鱼一样，颌针鱼还喜欢在夜里趋光，这挺危险的。日本的一些钓鱼书籍就嘱咐：晚上钓鱼时不要随意用头灯照射海面，以免颌针鱼飞出水面朝灯扑来，扎瞎你的眼睛。以前发生过这样的案例！

2017年5月，我在马里亚纳群岛的军舰岛浮潜。刚下水时，身边都是人畜无害的南洋鲹，大群地围着我绕圈。过了一会儿我就觉察到有几条异常的鱼混在里面。仔细一看，原来是颌针鱼。它们给我的感觉，就像混在老百姓当中的职业杀手，身材更魁梧，泳姿更从容，连表情都不一样。"老百姓"南洋鲹们个个瞪着天真大眼，而那几条颌针鱼眼中充满了杀气，穿透南洋鲹，直接射到我身上。在我和它们游近的

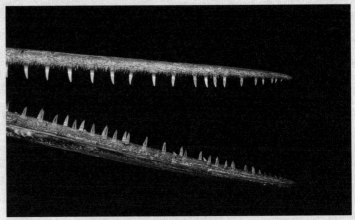
颌针鱼嘴里的尖牙

几个瞬间，我还看到它们的嘴角微微上翘着，露出几颗尖利的牙。

这张嘴是用来捕捉水面的小动物的。从活动范围来说，颌针鱼属于"上层鱼"，平时贴着水皮儿游动，利剑一样地插入小鱼群，吃出一条血路，那是相当凶残。

天理昭彰，报应循环，颌针鱼也有被收拾的时候。由于它离水面太近，所以很容易成为飞鸟的捕猎对象。海雕啊，剪嘴鸥啊，没事儿就逮一条颌针鱼吃。鸟嘴里的颌针鱼眼神涣散，蔫儿了。

不食针良，枉过春天

（四）

暖得令人迷糊的春天，正是颌针鱼上市的时候。日本人叫它"沖細魚"，在冲绳、鹿儿岛很受欢迎。第二次世界大战后，那里最早恢复的渔业就是颌针鱼捕捞业，可见它的人气了。日本人可以把颌针鱼一鱼三吃：头部煮出很浓的汤，加味噌就是味噌汤，加盐就是"潮汁（清鱼汤）"。中段当然要盐烤，这是最受欢迎的做法，微焦的皮好香。尾段切来做生鱼片，大部分肉是白的，但皮下有一片红色的肌肉，会有微妙的酸味，实为刺身中的上品。

不过说实在的，颌针鱼不太适合生吃，因为它身上有寄生虫的概率挺高的。日本人爱吃就吃去吧，咱们中国人当然要吃熟的，而且要吃出花儿来。

颌针鱼在中国的俗称是"针良鱼"。这些年，传统的经济鱼类被过度捕捞，空出来的大海给了针良鱼机会。它们繁殖速度快，生长速度也快，产量上升了不少。在黄、渤

2016年5月，我来到丹东的一个海鲜批发市场，正赶上颌针鱼（针良鱼）"大喷"的时候。尚未褪去的翠绿体色是新鲜的标志。鱼太长，批发商正把它们一条条码成旋涡状装箱，运往菜市场

两海，渔民都知道，劳动节过后，洋槐花一开，针良鱼就"大喷"了。那时，市场上满箱满箱的针良鱼，条条都近一米长。

山东靠海的人家，这时会一起吃顿针良鱼。这顿饭有个名词——"过鱼市"，是春天例行的一项公事。要是哪年春天没吃针良鱼，就叫"没过鱼市"，是全年的憾事，就像夏天没吃西瓜一样遗憾。

按山东的做法，针良鱼要配刚下来的新鲜小葱才最搭调。鱼切段腌制后，蘸上面糊或鸡蛋，煎香盛出。然后用大量的小葱，越多越好，炝锅。把鱼倒进去，放酱油，搁醋。醋得多，最好是把醋瓶子一掉个儿，往锅里"喷"两下。加水焖二十分钟，再加大量小葱，大火收汤，出锅。整个过程特别"暴力"。盛一大海碗，全家围着吃，鱼肉进味儿，鱼骨头也被醋焖酥了，小葱失去了绿色，但浸满了鱼汤，能下三碗白饭。

　　针良鱼一次可以多买些，炖鱼、包饺子、汆丸子，要是用不完，还可以晒鱼米。鲜鱼撒上盐和胡椒面，蒸熟。然后提着尾巴一抖，肉就掉下来了。把碎肉晾干，就是鱼米。自己留一些，其余的打包寄给内陆的亲戚。下面条时扔一把，汤头立马鲜活起来。旧时冬天没啥可吃的，拿出春天做的鱼米泡软，拌个白菜丝儿，也够下一壶暖酒的。

绿色骨头

（五）

　　近来常有网友发帖："在市场上买的尖嘴鱼，吃完了发现骨头是绿的！是不是添加了化学药品？这社会怎么了？！"

　　其实资深吃货都知道，颌针鱼目的鱼大多富含胆绿素，不管是地包天的鱵鱼、著名的秋刀鱼，还是本文的主角颌针鱼科成员，都有绿色的骨头。颌针鱼科更加过分，在鲜活的时候连鱼皮都是绿的。《海错图》里的雀鱼就忠实地展现了它的体色。

　　胆绿素没有毒，放心吃吧，绿色的骨头，是正宗颌针鱼的认证。有些身居内陆的海边人，到了春天还会到处问："哪里有卖针良鱼？就是骨头是绿色的那种鱼，我小时候在老家常吃，好想买啊！"

吃完葱焖针良鱼，可以观察一下它的绿骨头

康熙乙亥福寧海人有得紅
魚者身全緋而翅尾翠色其
首頂微方翅上有圈紋深綠
俊麗可愛此魚不恒見土人
競玩得圖以識考異物志云
海上有一種紅桃魚全赤稱
為緋魚亦稱新婦魚必此也

紅魚贊一名新婦魚
翠袖紅衫
朱顏不醜
龍王之媳
龍子之婦

196

【红鱼】 翠袖红衫，朱颜方首

这是一种漂亮得足以引起围观的鱼，早先渔民捕到它后往往扔回大海。不是因为怜香惜玉，而是因为要吃它不太容易。

不常见的漂亮鱼

●—

三大特点辨真身

●二

公元1695年，福宁州（今福建宁德一带）的渔民捞到了一条鱼，它全身呈绯红色，被人们叫作"红鱼"。红色的鱼并不罕见，可当地人却竞相围观此鱼。这是为什么？

因为它除了红，还有特别之处——"翅尾翠色"，也就是胸鳍和尾鳍是蓝绿色的，而且"翅上有圈纹深绿，俊丽可爱"。当地人说，"此鱼不恒见"。难怪大家都来看了。

从文字记载来看，聂璜没有亲眼见过这条鱼，而是根据当地人画的简图"得图以识"的，这也导致《海错图》里的这幅画有些简单。和实物相比，想必有很大的失真。

不过有三个特点是很明显的：（1）翅尾翠色，（2）翅上有深绿圈纹，（3）首顶微方。

现代的海南人把一种海鱼——红鳍笛鲷称为"红鱼"。红鱼晒成的鱼干是很多海南人必备的年货。它是《海错图》里的红鱼吗？

肯定不是。红鳍笛鲷通体红色，所有鱼鳍也是红的，头很尖。三个特点一个都不符合。

其实，鲂鮄科的绿鳍鱼最有可能。它身体是红的，头呈

红鳍笛鲷俗称"红鱼"，是海南人喜欢的美食，但不是《海错图》里的红鱼真身

绿鳍鱼是最接近《海错图》里「红鱼」特征的鱼

长方形，又不是特别方，正好达到"微方"的境界。胸鳍宽大像翅膀，翠绿色，镶着一圈蓝边，上面还有深绿色和蓝色的圈纹。三大特点，符合两个。唯有"翅尾翠色"不全符合，因为绿鳍鱼的其他鳍是红的，不是绿的。但这也许是渔民向聂璜描述时的记忆误差。

「翠袖红衫」的新妇

《海错图》里还有一句话，更坚定了绿鳍鱼是红鱼真身的猜测："红鱼，一名新妇鱼。"既然又叫新妇鱼，那就和绿鳍鱼的另一俗名"红娘鱼"沾边儿了。虽然现在科学上"红娘鱼"是另一个属的名字，和绿鳍鱼属不是一回事，但这两个属亲缘关系极近，长相也类似，民间经常统一称为"红娘鱼"。

所谓"新妇""红娘"，自然说的是绿鳍鱼红色的身体好似新娘子的嫁衣。按聂璜的说法，这位娘子"翠袖红衫，朱颜不丑"。红色的身体配上翠绿的大胸鳍，非常抓人眼球。即使在今天，海边出现一条绿鳍鱼也能引起围观，甚至成为新闻，被称为"怪鱼"。

绿鳍鱼的脑袋正符合「首顶微方」的描述

不过要说"朱颜不丑"，我持保留意见。绿鳍鱼的脸又方又扁，像大鸭子，谁说不丑谁领回家当媳妇试试？

绿鳍鱼有这么大的"翅膀"，会不会飞呢？不会。它是底栖鱼，别说上天，连离开海底都不愿意。宽大的胸鳍有助于它贴着海底游泳，但它最爱的，还是爬行。对，是真的爬，像昆虫一样爬。它胸鳍的最前面几根鳍条游离出来，一边三根，像腿。平时就靠这六条"腿"在海底慢慢溜达，找食吃。

四 有翅不飞却要爬

绿鳍鱼和红娘鱼的几根鳍条变成了「腿」，可以在海底爬行

五 做法决定档次

聂璜所处的康熙年间，此鱼还"不恒见"，那是因为它生在海底，渔网捞不到。今天的渔民使用了厉害的底拖网，贴着海底耙上一通，什么东西都能捞起来。绿鳍鱼也因此在市场上多了起来。由于拖网的摩擦，它们美丽的绿鳍往往碎裂殆尽。

绿鳍鱼出水后会迅速变质，要获得一条符合做刺身标准的鱼可不容易。在日本，只有高级的料理店才能得到。当一盘薄到透明的绿鳍鱼刺身端上桌时，里面可包含了先进的捕

捞技术、高效的运输方式、娴熟的厨师技能，值得满怀感
恩的心情去品尝。而大部分绿鳍鱼被捞上来后，下场都比
较惨。早年间的渔民直接把它们扔回海里，因为这种容易变
质、数量又少的杂鱼根本不值得运到市场去卖。现在稍微好
些，鲜度差的个体被大车拉走，打碎做成鱼粉。品相好点儿
的偶尔在市场出现，挑新鲜的拿回家，别指望刺身了，还是
做熟了吃吧。

比较保险的做法是炖豆腐汤，或是红烧、香煎等重口味料
理。日本渔夫会在寒冷的冬天把绿鳍鱼放进火锅，看着洁白的
肉咕嘟咕嘟地冒出香味，多少可以抚慰讨海后疲惫的心灵。

我收藏的一款绿
鳍鱼小模型

康熙丁丑閩之長溪得見
是魚已卯又見兩划水長
出於尾而赤過身鱗甲皆
紅色頭有刺土人稱為飛
魚攷爾雅翼載文鰩魚出
南海大者長尺許有翅與
尾齊亦名飛魚羣飛水上
海人候之當有大風左思
吳都賦文鰩夜飛而觸綸
即此也本草云婦人臨月
帶之易產臨產燒為末酒
下一錢亦神効字彙魚部
有鱙字註曰魚似鮒鮒鯽
也今此魚身不大正似鯽

飛魚贊
文鰩夜飛
霞紅電赤
直上龍門
何愁點額

【飞鱼】　文鳐夜飞，弃暗投明

会飞的鱼，自古以来就是一种亦真亦幻的动物。人们知道它的存在，却总是搞不清它到底是哪种鱼。不论是中国人还是西方人，都曾闹出过『乌龙』。

红色的『飞鱼』？

一

在中国古代，有一种怪鱼常被载于典籍。它叫"文鳐鱼"，又名"飞鱼"，据说长有双翅，可以在空中飞。宋代的《尔雅翼》写道："文鳐鱼出南海，大者长尺许，有翅与尾齐。一名飞鱼，群飞海上。"

在康熙丁丑年（1697年）和巳卯年（1699年），聂璜曾两次在福建菜市场目睹到一种鱼。他认为，这就是传说中的文鳐鱼。凭什么呢？就凭它的胸鳍特别巨大，末端都到了尾巴，这正符合"翅与尾齐"的记载。

除此以外，聂璜还记下了这种鱼的其他特征：（1）周身鳞甲皆红色，（2）头有刺。这就不对了。现实中，长成这样的鱼倒是有，但绝对不会飞，自然也不是古籍中的文鳐鱼。

《海错图》里的飞鱼，也有可能是蓑鲉

除了单棘豹鲂鮄，还有好几种鲂鮄身体也发红，比如这个东方豹鲂鮄

这两幅西方人的绘画中，不论是被鲨鱼追得飞上船（右图）还是飞上天后被海鸥叼走（左图），都是飞鱼科鱼类的真实行为。但画中的鱼却被错误地画成了豹鲂鮄

海底舞者，实难登天

二

从画中的头有刺、身红色、胸鳍长至尾部、鳍条突出等特点看，这应该是鲉形目、豹鲂鮄科的鱼，最有可能是"单棘豹鲂鮄"。它是中国的豹鲂鮄里最红的。

也有可能是鲉形目、鲉科的蓑鲉，但是蓑鲉背鳍极长，身有明显的虎纹，和画中不符。暂且作为另一个选项吧。

每个人一看到豹鲂鮄，都会立刻产生一个感觉：这鱼会飞，否则长那么大的"翅膀"干什么呢？豹鲂鮄的胸鳍极度发达，完全张开后，整个鱼就像一个圆形的飞碟。

这么大的翅膀，在空中飞行应该不是问题吧？不光聂璜，连西方人也这么觉得。欧洲有很多老画，画的都是豹鲂鮄飞行的场景。有的画里，豹鲂鮄群为了躲避鲨鱼、鲯鳅的捕食，慌忙飞向空中，撞在了帆船的桅杆上，把船员吓得不轻；有的画里，豹鲂鮄在空中飞行时，直接被海鸥叼走……

遗憾的是，这些景象只存在于传说、画作中，从未得到过证实。不论从习性还是身体结构来看，豹鲂鮄都是不会飞的。它的身体被坚硬的鳞片包裹，很僵硬，游速很慢，就算拼了老命跳出水面，也只能无力地"啪嗒"落回水里，无法达到起飞速度。至于另一个可能的真身——蓑鲉，就更飞不起来了，它基本上跟你家金鱼的游速差不多，摇摇摆摆的。

豹鲂鮄平时是在海底生活的。底栖鱼的胸鳍通常很大，这样它们趴在海底时，胸鳍就可以和尾鳍形成鼎足之势，支撑身体。贴着海底游泳时，胸鳍也能保持平衡。

而豹鲂鮄的胸鳍还多了交流功能。鳍上有醒目的豹纹、眼斑。求偶时，雄鱼、雌鱼就会张开胸鳍相伴而游，用颜色展示感情，就像海底的"比翼鸟"，画面太美。

两只豹鲂鮄张开胸鳍，在海底相伴『翱翔』

在水中的飞鱼

聂璜两次亲眼看到、引经据典考证出的"飞鱼"，竟然既不能飞，也不是古籍中的文鳐鱼，太尴尬了。但聂璜大概自己都没意识到，他在《海错图》中画下的另一种鱼，反而是文鳐鱼的真身。

古籍《汇苑》记载，东海有一种"鹅毛鱼"，能飞。渔人抓这种鱼不用网，只用一艘独木小艇，刷上白色反光的蛎粉，夜里划到海上，支个杆子挂盏灯，照亮船身，鹅毛鱼就纷纷飞进艇中。鱼太多的话要赶紧熄灯，否则船就沉了。

聂璜看文献时，觉得这鱼很有趣，却一直没有目睹过这种鱼。他住在福建时，有位叫陈潘舍的漳南人告诉他：这种鱼在我们这边叫飞鱼，就是用这个办法捉的；它身体狭长，有细鳞，背青腹白，两个胸鳍像翅膀，有二寸（约6厘米）长。尾鳍细长，能帮助飞行，并给聂璜画了简图。

但是聂璜认为，这种鱼的翅膀不够大，不符合古书中文鳐鱼"翅与尾齐"的特征，所以不是文鳐鱼。其实，是他太抠字眼，导致一叶障目了。从各种线索看，鹅毛鱼恰恰就是真正的飞鱼，也是传说中的文鳐鱼。

棠苑戴東海嘗產鵝毛魚能飛漁人不施網用獨木小艇長
僅六七尺艇外以蠣粉白之黑夜則赤艇張燈于竿停泊海
岸魚見燈俱飛入艇魚多則急熄燈否則恐溺艇也即名其
魚為鵝毛艇子奇之但以不見此魚為恨及客閩訪之漁人
曰予單於海港取水白魚亦用此法然非鵝毛魚也後有漳
南陳潘含曰此魚吾鄉亦謂之飛魚其捕取正同前法其形
長狹有細鱗脊青腹白兩划水上復有二翅長可二寸許其
尾雙岐亦修長以助飛勢三四月始有可食腹內有白綠一
團如蜘蛛腹內物多剖棄之其綠至夜如螢光暗室透明此
魚在水腹下如有燈也因為予團述按此魚有翅而小不與
尾奇且不亦文鰩另是一種字棠魚部有鱗字及艇字咱指
是魚也

鵝毛魚贊

一盞漁燈海岸高撐

魚從羽化棄暗投明

《海错图》中的「鹅
毛鱼」，就是传说中
的文鳐鱼，也即科学
上的飞鱼科鱼类

文鳐夜飞而触纶

四

从对"鹅毛鱼"的描述可以确定，它是颌针鱼目、飞鱼科的种类。飞鱼科下有个"燕鳐属"。这个燕鳐，其实就是科学家把古名文鳐鱼和今天的俗名"燕儿鱼"结合在了一起。

飞鱼身体修长，游动迅速，常常结群行动，一旦被大鱼追赶，它们就跃出水面，张开鳍滑翔。有的飞鱼种类连腹鳍也发达，等于又多了两个小翅膀。四个翅膀一起张开，飞得更好。

但飞鱼不会像鸟那样振翅飞行。它们的翅不动，只是滑翔。滑一段落回海面，还能用尾巴快速打水，再次起飞。遇到顺风，飞100米远都没问题。

晋代《吴都赋》有一句"文鳐夜飞而触纶"，道出了飞鱼的另一个习性：趋光。到了晚上，飞鱼就特别喜欢聚到有光的地方，人类会利用这个习性抓飞鱼。古人是用油灯，今

飞鱼用尾鳍击水，让自己「助跑」起飞

人则用大功率的电灯，能把海面照得如同白昼。飞鱼纷纷趋光而来，自投罗网。

有一次我翻《中国动物志·颌针鱼目》，发现里面把"文鳐夜飞而触纶"的"纶"解释成羽扇纶巾的纶（音guān）。于是意思就变成了"文鳐鱼夜里趋光飞翔，撞在了渔人的头巾上"。难道我一直以来都理解错了？赶紧查一查，"纶"有两个读音，作头巾讲时，读guān；作钓鱼线讲时，读lún。唐代的李周翰为"文鳐夜飞而触纶"注解过："纶，小网也。"触纶也是一个专门的词，意为投入罗网，所以《中国动物志·颌针鱼目》的解释是错误的。

有些飞鱼的胸鳍带有鲜艳的花纹

台湾夜市的炸飞鱼

鱼卵连缀，端上筵席

（五）

陈潘舍还告诉聂璜，飞鱼肚子里"有白丝一团，如蜘蛛腹内物"。到晚上，它还会发出萤光。在当时，这东西是被抛弃不吃的。

现在看来，这团物体就是飞鱼的卵。它的卵非常小，白中透黄，彼此之间被丝状物纠结在一起，看着就像蜘蛛丝和蜘蛛卵的混合物。所谓"如蜘蛛腹内物"大概就是这个意思吧。

飞鱼是在海面的漂浮物（海藻、树枝等）上产卵的。那些丝可以把卵固定在漂浮物上。英国广播公司（BBC）的纪录片《生命》曾拍摄到这样一段画面：一大根椰子叶漂在海面，引来一大群飞鱼产卵，眨眼间，椰子叶就被卵和丝裹成了大粽子，甚至还有好多飞鱼被裹在里面窒息而亡。由于卵太重，这个大粽子就带着卵和死鱼沉入了海底，画面相当瘆得慌。

染成红色的飞鱼卵，是做军舰卷的好材料

　　在现代人看来，清朝人竟然把飞鱼卵扔了，简直太不识货了，它在今天可是大名鼎鼎的食材。日本人喜食飞鱼卵，军舰卷上常见的小粒鱼子就是飞鱼卵。由于它本身的米黄色不好看，常被用食用色素染成红色、绿色，在中国的日本料理店里还总被误称为"蟹子"。

　　飞鱼卵最大的三个产地是中国台湾、印尼和秘鲁。台湾的保鲜和加工技术高，飞鱼卵的品质远超另外两地，是当之无愧的世界第一。

　　一般人想不到的是，台湾人并不是剖开鱼肚获得飞鱼卵的。每到飞鱼繁殖季，渔民就把泡沫塑料绑在草席上，再把草席连成长龙，浮在海面。飞鱼一看，好多漂浮物，快产卵、快产卵。等鱼走了,渔民收起席子,把一团一团的鱼卵摘下来,再送到加工厂去掉丝状物,染上食用色素,就可以放到寿司上了。

有动物保护人士担心,飞鱼也是其他海洋鱼类的重要食物,大量捞卵,可能会破坏生态平衡,于是号召大家不要吃飞鱼卵。我觉得个人不吃没啥用,关键是政府得控制好捕捞量。只要科学捕捞,食客就不必有负罪感。

相比食用飞鱼卵,人们对食用飞鱼肉没有什么争议。它是很平价的海边肉类来源。台湾人把它晒成鱼干、裹糊炸,日本人则把最新鲜的飞鱼做成寿司料,用生肉捏制,或者醋渍、燎烤后再捏,入口味道清淡,甜味随后而来。

这只小海鸟叼着一团飞鱼卵。飞鱼卵的本色是米黄色,彼此纠缠在一起,就像蜘蛛卵

第三章

兽部

膃肭臍賛

獸頭魚體

似非所宜

考據有本

見者勿疑

有獻字鮊字為魚中犬狗存名也
皆可用故圖內兩存之字彙魚部
其物而海狗又實有海狗其腎或
也而字彙不能深辨膃肭臍確有
如牛皮詩所謂象弭魚眼或即此
海猪非是今觀膃肭臍之皮堅厚
名云似猪其皮可餙弓韃遂指為
即海狸之類又字彙註魚字曰獸
之獸多肖魚形膃肭臍善接物或
遂人則化為魚入水若此則海中
堪弓韃又有海狸以上牛島產乳
似龜尾兒人則飛赴水皮
登州志有海牛島有海牛無角足
多取以餙鞍韉今人多不識愚按
腰下白皮厚且勒如牛皮過將
觀其狀非狗非獸亦非魚淡青色
謂是狗外腎曰華子又謂之獸今
義云膃肭臍今出登萊州藥性論
知本草內游移不定不能分雜衔
說既出異魚圖內則其為魚形可
真若狗形不當入異魚圖今其
月衝風處置盂水浸之不凍者為
載異魚圖說云試膃肭臍者於臘
圖之獸頭魚身魚尾而有二足并

【膃肭脐】 兽头鱼体，见者勿疑

膃肭脐？是啥？只会念最后一个字。

其实它还有个别名：海狗鞭。

《海错图》里的"海豹"。据说是康熙三十一年，福宁州渔民网得的。身形似豹，齿如虎鲨，背有圈纹，放在岸上时，四足软弱不能行走。乡民皆不识。最后放归大海，四足履水而去。此物太过怪异，我也猜不出是啥

三个低级错误

腽（音wà）肭（音nà）脐，是中国古医书里的一味药材。《海错图》给它划了块地儿，介绍了一番。从文字和配图来看，聂璜把腽肭脐理解成了一种动物的名字。这种动物是"兽头，鱼身，鱼尾，而有二足。"

聂璜发现，这种动物在古书中的记载充满了矛盾。他在《海错图》中迷惑地写道："《药性论》里说腽肭脐是狗的外肾，可是日华子（唐代本草学家）又说腽肭脐是一种兽类。有的医者认为，腽肭脐就是海狗，可是我觉得腽肭脐和海狗应该是两种动物，因为《异鱼图》里说腽肭脐是兽首鱼身，《海语》却说海狗是狗形。"

满脑袋问号的聂璜干脆把腽肭脐和海狗分成了两个词条，各画了一张画。把腽肭脐画成一条长着狗脑袋、有俩前爪的鱼，把海狗画成一条尾巴细长的大黄狗。

这里他犯了三个错误。第一，他描述的"腽肭脐"，其实叫"腽肭兽"，腽肭脐只是雄性腽肭兽的生殖器而已。用一个器官的名字称呼整个动物，算是很低级的错误了。第二，腽肭兽和"海狗"其实是一回事，是聂璜理解错了。第三，它把腽肭兽全身画上了鱼鳞，古书中没有此兽长鳞的记载，纯属聂璜自我发挥，真实的腽肭兽是没有鳞的。

海語曰海狗似狗而小其毛黃
色常海游背風沙中遙見船行
則投海漁人以技獲之蓋利其
腎也醫人以為即腽肭臍愚按
海狗與腽肭臍當是二種考擬
異魚圖則知腽肭臍是獸首而
魚身考擬海語則知海狗如狗
形今山東海上果有其物云壯
一而北百海逐隊行人取壯者
用其腎以扶陽道然真者難得

海狗贊
既不吠日又不吠雪
生於齊東壯者性熱

《海錯圖》里把海狗和
腽肭脐分成了两个词条
来介绍。此图是聂璜想
象中的海狗

海狮？海狗？海豹？

二

在今天，腽肭兽的真身已经得到公认，是食肉目、犬形亚目的海豹、海狮或海狗。这三类动物外形相似，在古代被统称为腽肭兽、海狗或海驴。

这三类动物在中国能看到好几种。其中，北海狗、北海狮、髯海豹和环斑海豹主要分布在冰冷的北太平洋和北冰洋。加拿大、美国、俄罗斯、日本北海道才是它们的大本营，中国海域只有少数目击报告，都是意外漂过来的。毕竟中国的海水对它们来说太热了。

唯一能适应中国海水、在中国繁殖的，只有一种：斑海豹。它在渤海比较常见，正如宋代药物学家寇宗奭所写："前即似兽而尾即鱼。身有短密淡青白毛，毛上有深青黑点，久则亦淡。腹胁下全白色。"它们喜欢躺在礁石上晒太阳，对人很警觉，一看到有船接近，就会逃进海里。《海错图》记载腽肭兽"产登、莱州（注：山东登州和莱州濒临渤海），遥见船行则投海"是正确的。

北海狮有耳郭（两个小耳朵），上岸后可以挺胸抬头地站着，也能跑得比较快

海豹没有耳郭（只有两个耳孔），后足长得很靠后，上岸后只能趴在地上蠕动前进

所以，中国人见到的腽肭兽，基本就是斑海豹了。中国古籍中的腽肭兽绘图，也明显是海豹的模样，而不是海狮、海狗。

北海狗和北海狮很像，区别在于：第一，北海狗的脸更短；第二，北海狗的后足各趾基本等长，而北海狮后足的外趾长于中间三个趾

《海错图》里的「海驴」被画成了一头纯粹的驴，其实根据文字描述，海驴就是渤海湾里的斑海豹，它的叫声像驴，所以被称为海驴

又肥又软不怕冷

（三）

对于日本北海道的原住民——阿伊努人来说，腽肭兽也可能是北海狮和北海狗，在北海道的海域寒冷，这两种海兽也有分布。

事实上，腽肭兽这个名字就是阿伊努人起的。阿伊努人古称"虾夷人"，虾夷语里，这几种海兽的发音为"onnep"，中国人把它音译成了"腽肭"。在汉语中，腽肭又是"肥软"的意思，正和胖胖的海狮、海狗、海豹符合，算是个不错的译名。

据日本古书《腽肭脐图考》记载，每年十月到来年三四月，日本大和族的官员就会命令虾夷人捕捉腽肭兽。风和日丽时，腽肭兽会躺在海面上晒太阳。虾夷人悄悄地划船靠近，突

日本人画的《虾夷土人风俗图卷》，描绘了虾夷人捕捉膃肭兽的情景。图中的膃肭兽看上去像是海豹

虾夷人就是今天的阿伊努人，是日本北海道的少数民族。毛发浓密，高鼻深目，和大和族外貌差别极大

这本用汉字书写的日本古书《膃肭脐图考》里，画出了膃肭兽躺在海面睡觉的样子。看体形，像是海狗或海狮。旁边的文字还记载了渔民的一个经验：哪里的海面有白鸥群飞，哪里就必有"海狗"。这是因为"海狗"抓鱼时惊起小鱼，吸引了海鸥来捕食

在山东长岛的礁石上晒太阳的斑海豹

然掷出带绳子的长矛，插入其身体。从日本的相关画作看，虾夷人抓的膃肭兽有海豹，也有海狗、海狮。

抓它们干吗呢？古人观察到，海豹、海狗、海狮都是一夫多妻，一只雄兽"妻妾成群"，那么吃了它的雄性生殖器，一定能壮阳吧！在这种荒唐的思路下，膃肭脐（海狗鞭）成了昂贵的壮阳药。此外，获取它们的浓密皮毛，也是捕猎的目的之一。

搞笑鉴定

四

腽肭脐虽然也叫海狗鞭，但并不只来自海狗，海豹、海狮甚至海象的生殖器也常被使用。这几种生殖器的样子颇有不同，加上市面上有很多伪造品，自古以来，人们就为鉴别真假腽肭脐头疼。

有人说，寒冬腊月，把腽肭脐泡在水里，放到室外，水若不冻上，就是真品。有人说，真品放在容器中，每年都会湿润如新。这些所谓的方法，都不是为了鉴别真假，而是在过度神化它，极言其"阳气"之盛。

还有个方法最搞笑：把腽肭脐"置睡犬头上，犬忽惊跳若狂者，为真也"。这药效也太给劲了，能把睡着的狗弄惊了！

《腽肭脐图考》里画出了几种海兽的腽肭脐，还画了一种伪品（左上图）：用海兽的肠子插上毛，冒充腽肭脐

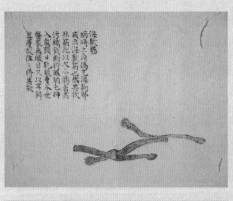
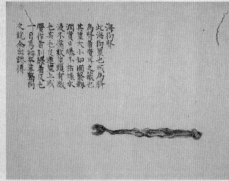

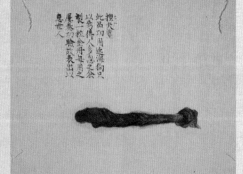

在鉴别腽肭脐方面还是日本人有经验，毕竟他们比中国人更容易见到腽肭兽。日本的《腽肭脐图考》中，就画了好几种腽肭脐，有粗有细，有长有短，根据外形就可以辨认了，没那么玄乎。而且日本人还在书里吐槽了一下"惊狗鉴定法"："惊狗之说，全出谬传！"

除了日本人，中国渤海的渔民也捕猎海豹。古代是驾小船在沿岸捉，中华人民共和国成立后开始坐着机动船、拿着枪去猎杀。1978年，仅在大连、旅顺，就在两个月内抓了400多头斑海豹，大部分都是幼兽，它们有的被杀死，有的被卖到动物园。

进了动物园不等于安全，旅顺动物园当年收了147头小海豹，最后死了92头，死亡率高达62.6%，因为它们都是还没断奶的幼崽，离开了妈妈，只有死路一条。

这几年，中国的斑海豹得到了一定的保护，但市场上"海狗鞭""海狗油"依然随处可见，它们往往是从国外流入的。

比如加拿大政府就允许合法捕杀海豹。多年来，动物保护主义者和加拿大政府一直在争吵。动物保护主义者称，加拿大每年要杀掉约50万头海豹，其中大部分是幼崽，40%的海豹在还没完全死亡的时候就被活着剥皮了。而加拿大政府声称，当地的海豹已经有几百万头，种群庞大，危害到了鳕鱼的种群，捕杀海豹是在保护鳕鱼；虽然每年捕杀配额接近

在北极圈附近，人们用棍棒击杀海狗

刚割下的雄性海豹生殖器，它即将被做成「腽肭脐」，卖到中国

50万，但从未达到过，实际捕杀量只有几万；政府会对捕杀者进行人道主义培训，并严格监控，禁止杀害幼崽；有些海豹在剥皮时抽搐，是死亡后的神经反射，并不是活剥皮……

双方各说各话，陷入了罗生门。类似的情况也发生在挪威等国。最后，在动物保护主义者的抗议下，欧盟、美国、俄罗斯都禁止了海豹制品进口。一片喧嚣之后，腽肭脐被卖到中国，泡进"三鞭酒"里。

吃了腽肭脐，真的有效吗？嗯……武大郎就算把西门庆吃了，不还是武大郎嘛。

海獺毛短黑而光形如狗前脚長後脚短康

熙二十七年三月溫州平陽徐城守好畜野

獸乳虎鹿兔無不取而養飼之其日兵汛守

海邊見沙上有狗脚跡知必有獺尾獺在海

日潛而食魚夜多登岍乃張綱於海岸俟之

至夜果有一獺入其彀中乃籠送營主日飼

以魚養至二年頗馴愚按獺善水性故能入

水狗不能沒水近聞京都有哺魚之狗謊狗

母與獺接而生之狗故有獺性亦猶哺庸之

犬犬與狼接而生遂易犬性物理新奇即此

二端可補入續博物志

　海獺贊

硤民者盜害魚者獺

盜息獺除民安魚樂

【海獭】水中灵鼬，亦盗亦友

《海错图》中有一幅『海獭图』，但是，中国并没有海獭。那么，这幅图到底画的是什么？

温州的海獭？

一

康熙二十七年（公元1688年）三月，温州平阳的守军在巡逻中发现，海边沙滩上有类似狗的脚印。

他们在这儿设下网子，果然，到了晚上，一只野兽从海里钻出来，撞进了网里。兵士围过去一看，是獭。

由于是在海边抓到的，于是聂璜将其称为"海獭"，并作画一张，看上去是一头似狗非狗的动物。

那么问题来了。我们今天所说的海獭，是那种躺在海上，肚子上放块石头，把贝类在石头上砸碎了吃的动物，而这种动物明明在今天的中国没有分布啊？它喜欢冰凉的水，只生活在日本北海道以北、加拿大、美国。

会不会康熙年间的中国曾有海獭呢？有可能。海獭在近代曾被疯狂猎杀，以获取其皮毛。这使它的分布地大幅萎缩，康熙时期，它的地盘肯定比现在大。而且那时正是气象史上的"明清小冰期"，比今天冷很多，南方多次出现大雪、封冻的记录，喜冷的海獭向南游进中国海，好像很合理。

条条证据通水獭

二

但是，当时再冷，能冷到温州都有海獭吗？我看玄。查过各种记载后，我感觉"中国曾有海獭"这件事，可信度并不高。

首先，中国古籍中的"海獭"记载极少，顶多是"海獭生海中，似獭而大，其肉腥臊，脚下有皮如胼拇（连在一起的脚趾），海人剥其皮为帽、为领"。这些叙述，可能说的是海獭，但一些大型的、能下海捕食的水獭也符合这些特征。

在设特兰群岛，水獭经常穿越海边公路入海捕鱼，政府立起牌子提醒过往司机注意

其次，仅有的几处记载中，都着重叙述其皮毛，而海獭最标志性的"躺在海面、砸贝壳"习性，却半个字都没有。这意味着，中国人很可能没见过活的海獭。

所以，有三种可能：

（1）中国曾有少量海獭，但十分罕见。

（2）中国压根儿就没有海獭，其皮毛是外国进口的。有关它的知识，都是从观察皮毛以及外国商人口中得知的。

（3）古籍中所谓的"海獭"，可能根本不是海獭，而是在海边生活的水獭。

康熙年间在温州抓的这只野兽，会是哪种情况呢？我们接着看聂璜的文字。

他写道，士兵抓到獭之后，送给了当地一位姓徐的官员。此人爱养动物，见到獭当然十分喜欢，"日饲以鱼，养至二年，颇驯"。

苏格兰海边沙滩上的水獭脚印

这下就明朗了。海獭不好养，它基本算完全的水生动物，很少上岸，一生都泡在冰冷的海水里，吃海胆、螃蟹和贝类。这种饲养条件很难满足，至今中国没有动物园饲养成功，青岛和大连曾引进过，但都养死了。一个清朝人能在温州养海獭两年，天天喂它不爱吃的鱼，还养到"颇驯"，简直不可能。相比起来，水獭不但好养、爱吃鱼，还能很快被驯化，符合《海错图》的记述。

翻回头来再看其他疑点：

（1）海獭是白天觅食，夜里躺在水上睡觉，不会在夜里上岸落入网中；但水獭是夜间活动的。

（2）海獭即使上岸，也不会留下狗一样的足迹，因为它的后足已经变成鳍状，前足脚趾也几乎连在了一起；但水獭脚印很像狗。

（3）最重要的是，温州这么暖和的地方，有海獭不科学！有水獭才是正常的。

种种迹象表明，这只温州的野兽，并不是海獭，而是一只在海中觅食的水獭。

两个天然呆（二）

说了半天，好多人可能还不知道海獭和水獭怎么区分，我给这二位开个脸儿吧。

（1）大部分成年海獭的整个脑袋是白的，而水獭只有鼻子以下发白，鼻子以上是褐色的。

（2）远看上去，海獭的鼻子近似三角形，大尖朝上。水獭的鼻子近似倒梯形。

（3）海獭毛厚，显得胖壮。水獭就显得瘦一些，更流线型。

（4）海獭的后足已经变成鳍状了。而水獭的后足还是足状，只是趾间有蹼。

其实连这些细节都不用看，看气质就可以了。海獭是蠢呆，永远一副"状况外"的脸。水獭也呆，但带着灵气和狡黠，不知道它憋着什么坏主意。

海獭整个脑袋发白，鼻子略呈三角形

水獭上半部脑袋为褐色，鼻子略呈倒梯形

海里的水獭

中国有3种水獭：亚洲小爪水獭、江獭和欧亚水獭。亚洲小爪水獭是世界上最小的水獭，江獭是亚洲最大的水獭。而混得最好的，要数欧亚水獭，中国每一个省和自治区都记录过它的存在，甚至在海拔4120米的高原都发现过它。

聂璜在描述那个所谓的"海獭"，也就是水獭时，说了

欧亚水獭钻进大海中，捕食海洋鱼类——短角床杜父鱼

亚洲小爪水獭是世界上最小的水獭

一句："前脚长，后脚短。"画中的獭也是如此，长长的前腿撑起了前半身。实际上，水獭是后腿更长。聂璜有此误解，也许是因为水獭的后腿常常折叠，而脖子很长，在抬头观察四周时，远远看去，很容易把脖子算在前腿的长度里。

大部分水獭生活在淡水里，但沿海的水獭也能入海。比如亚洲小爪水獭和江獭，就有在海边红树林活动的记录。20世纪80年代，广东省昆虫研究所动物研究室在台山县调查，证实沿海咸淡水交界处盛产欧亚水獭和江獭。苏格兰的欧亚水獭更是被拍到成群结队地在海藻丛中抓比目鱼、海螃蟹吃，康熙年间的温州士兵抓到海中的水獭，也就不稀奇了。

水獭渔业

（五）

徐官员把水獭养到"颇驯"，怎么个驯法呢？

从头捋吧。中国人养水獭，可能从汉代就开始了。西汉的《淮南子·说林训》有一句："爱獭而饮之酒，虽欲养之，非其道。"意思是，酒对水獭有害，喜欢水獭却喂它酒喝，不是正确的饲养方法。这句话类似于谚语，可能不足为证，但到了南朝梁的《本草图经》，就有实证了："（水獭）江湖间多有之，北土人亦驯养以为玩。"可以看出，人们最开始养水獭，是用来玩的。

唐代时开始有驯獭捕鱼的了。《酉阳杂俎》记载，唐宪宗时期，均州郧乡县（今湖北郧县）有位七十岁的老人，"养獭十余头，捕鱼为业。隔日一放出……无网罟之劳，而获利相若。老人抵掌呼之，群獭皆至，缘襟籍膝，驯若守狗"。能达到这种境界，已近乎道矣。

到了明代，"水獭渔业"更加壮大，甚至有抢鸬鹚饭碗的趋势。湖南永州有不少人专门驯獭，"以代鸬鹚没水捕鱼，常得数十斤，以供一家"。全家人靠水獭就能生活了。

中华人民共和国成立后，水獭渔业依然存在。1959年，湖南麻阳县在《中国畜牧学杂志》上介绍他们的驯獭经验：

一张中国渔民牵着水獭的老照片。拍摄地点不详，看渔民打扮，可能是西南地区

"我县饲养的水獭是捕捉野生的，对半年之内的野生小水獭进行调教驯化比较容易……未驯化之前的水獭，每天早晨3点钟左右就骚乱嘶鸣，精神不安。应每天下午3点钟牵它到河边细沙里自由活动2小时，用细沙擦它身上，一天擦3次，每次10分钟。这样做，依然照顾了它的野性习惯，亦可使它疲倦，晚上就不会骚乱嘶鸣……在开始调教时，用一根细木棍每天给它抓痒四五次，避免咬伤人。等它不咬木棍，性情温和了，再用手给它抓痒。这样一般经过4个月就可驯化过来。"

除此以外，还有很多要点。比如小水獭不能喂鳖和鳅鱼，大水獭就可以喂；饲养笼附近不能有油，免得黏住獭毛；一旦水獭开始发情，第二天就要赶紧配种，为它泄火，否则就无心捕鱼。

怎样用水獭捕鱼呢？麻阳县渔民先撒下网，网顶留个口，让拴着绳的水獭跳进去。抓到鱼后，水獭就会浮上来，这时提一下绳子，它就把鱼放在船上了。奖励一块鱼肉，轰它下去继续抓。冬天时，鱼都躲在石洞里，更是用水獭的时候。不用撒网，直接放它进河，就能把洞里的鱼拽出来。

一艘小船，一位渔民，一只水獭，每天能抓30公斤鱼，最多能抓100公斤，养活一家人确实不成问题。

20世纪60年代之后，在各种因素的作用下，水獭渔业逐渐消亡，到今天已经鲜为人知。

孟加拉国渔民至今还有驯水獭捕鱼的习俗

相传，水獭会在春天和秋天把鱼叼上岸，一条条摆在地上，像摆祭品一样。古人认为，这是水獭感恩上天的祭祀行为。在《礼记·月令》里，春天到来的标志是"东风解冻、蛰虫始振、鱼上冰、獭祭鱼"。秋天则出现"木叶落，獭祭鱼"。《淮南子》更认为，人的活动应该顺应天时，开春了要打鱼，也要先等水獭发令："獭未祭鱼，网罟不得入水。"

水獭真的会祭鱼吗？这个问题困扰我很久了。为此，我四处询问朋友，寻找资料。

果壳网的总编拇姬曾告诉我，他在北京动物园见过"獭祭火腿肠"：一只水獭接过游客的火腿肠，游到对面的岸上摆好，游回来接下一个肠，再运回去摆在第一个旁边，如此往复。这个案例很宝贵，但有可能是圈养个体的独特行为，野生个体也会这样吗？

之后，我在1988年的《野生动物学报》上看到一篇文章：《"水獭祭天"目睹记》。作者是两位边防武警，他们在怒江边巡逻时，发现路上摆着一条活鱼。二人隐蔽起来观察，不一会，一只水獭叼着第二条鱼从江里爬上来，摆在第一条鱼旁边，扭头钻进水里。当水獭摆好第三条鱼时，武警冲出来吓跑了它，把三条鱼背到山寨，和怒族百姓分而食之了。

武警认为，是水獭碰上了鱼群，为了尽可能多抓鱼，就先抓而不吃。虽然这是第一手的野外观察，可毕竟不是专业学者的记载，而且仅有文字，相当可惜。

前不久，野外探索者李成向我提供了第三条线索，这次是图片。他在西藏墨脱拍到了水獭丢在岸上的鱼，只咬了一口，周围都是水獭脚印。

第四条线索，来自1960年《兰州大学学报》的《甘肃南部水獭调查报告》。里面记录："（水獭）有时捉到大鱼，食剩下后遗留岸上。曾发现一条二斤多重的细鳞鱼只剩下尾部，也有吃去头而留下体躯。"

西藏墨脱，野外探
索者李成拍到了水
獭吃剩的鱼

根据这些线索，我倾向于相信"獭祭鱼"是真实的。水獭属于鼬科，这个科的成员以凶残著称，经常进行不必要的捕猎，水獭也是如此。抓鱼是它的最大爱好，吃在其次。尤其是抓到大鱼后，常常是咬几口就丢下，再冲去抓鱼。春天和秋天正是鱼汛的季节，大量出现的鱼成了水獭最好的杀戮玩具，岸边摆满了水獭的战利品，就是所谓"獭祭"了吧。

盗息獭除，民安鱼乐

（七）

聂璜还为水獭写了一首小赞，但水獭看了估计想打人：

殄民者盗，
害鱼者獭。
盗息獭除，
民安鱼乐。

水獭的数量曾经非常多，它们毫不避讳地住在村落周围，夜里就钻进鱼塘，大开杀戒。一只水獭一晚上能杀掉2~4斤鱼，养殖户对此十分头疼。别说古人了，直到1986年，好几本水产杂志上还刊登着《怎样捕除水獭》《防治水獭的经验》之类的文章。文中，各地水产站纷纷贡献自己杀獭的经验：放滚钩、鱼尸里藏炸药、氰化钾毒杀、猎狗捕捉⋯⋯

其中，兽夹法很受推崇，因为它夹的是水獭的爪子，不会损伤其皮毛。扒下皮卖掉，还能赚一笔。1985年之前，野生动物皮张由国家统一收购，据官方记载，仅1957年一年，就有至少40 000张水獭皮卖给了政府。1985年之后开放搞活，取消了国家统购统销，一瞬间，各地毛皮商贩涌入乡下，用更高的价格抢购皮张，使村民的捕猎热情空前高涨。这些民间交易无据可查，多少水獭因此被杀，将成为永远的悬案。

我们只知道，今天的鱼塘主已经不用防备水獭了。水獭们筑巢的河岸被水泥浇筑，家族成员差不多都被扒了皮，清澈的河流已经变脏，养活不了足够的鱼了。

从1986年到今天，短短30多年，水獭，一个曾经多到令人头疼的"害兽"，突然从我们身边消失了。关于它的记忆迅速清零，年轻人已经开始认为它是国外的动物了。

2017年，香港环保机构"嘉道理中国保育"公布了他们的水獭调查结果，从2006年到2016年这10年间，全中国只有17个地点记录到欧亚水獭，2个地点记录到亚洲小爪水獭，大部分在人迹罕至的青海、西藏、云南山区，以及吉林珲春、陕西佛坪、台湾金门、香港米埔这些得到良好管理的保护区。至于江獭，没有记录。

调查的结论是："这10年记录的数量之低，表明三种水獭在中国都处于灭绝的边缘。"

獭被除了，不知道鱼乐了没有。

100多年前，美国博物学家奥杜邦画下了这幅画。一只北美水獭被兽夹夹住，发出惨叫

井魚贊

魚頭有水海島有泉

其味皆淡妙理難詮

跨鯊贊

熊伸鸛引俯煉有倏

跨鯊效之必得其壽

海鰌贊

海中大物

莫過於鰌

身長百里

豈但吞舟

【井鱼、海鰌、跨鲨】 三位一体，渔人窥鲸

《海错图》里的这三幅画，看上去是三种动物。研究之后，你会惊讶地发现，它们指的全是同一个东西。

头顶有井

一

"井鱼，头上有一穴，贮水冲起，多在大洋。"聂璜在《汇苑》《四夷考》等古书中都找到了这种动物——一种头上有孔、能喷水的大鱼。

而在《博物志》《惠州志》《本草》中，这种动物又叫"鲸鱼""海豚"。聂璜嫌说法太乱，就说："我已经在《海错图》里画了海豚的图，除此之外，各种头中有井、能喷水的鱼，我就统称为井鱼了。"

现在任何人都看得出来，井鱼就是鲸和海豚。头顶的"井"是它们的鼻孔。我怀疑，井鱼就是鲸鱼的音转，因为鲸字早在汉代就出现了。京者，大也。鲸就是大鱼的意思。井鱼是后出现的名字。

聂璜没见过井鱼，中国古书中也没有图可以参考，他找到了一本西洋人画的《西洋怪鱼图》，里面正好有井鱼的图画，于是他"特摹临之，以资辨论"。

《海错图》里的井鱼，是聂璜按照欧洲绘画里的鲸临摹的

欧洲古画里的鲸，正在向船里喷水，试图把船里压沉

240

看看这条井鱼吧，尖嘴猴腮，口有利齿，头顶喷着水，正是欧洲绘画中的鲸鱼模样。擅长航海的欧洲人常与鲸鱼打交道，留下了比中国多得多的鲸鱼图。但欧洲中世纪的那种半死不活的画风，画什么不像什么。聂璜照着这样的模板，当然就画出一只怪物了。

临摹完欧洲的蹩脚画，聂璜还引述了欧洲人的蹩脚传说。他看过一本书——《西方答问》，这是意大利传教士艾儒略写的。他明朝时来到中国，用问答的方式介绍了西方的很多事情。书中写道："西海内有一种大鱼，头有两角而虚其中，喷水入舟，舟几沉。"这正是西方很多鲸鱼画描绘的场景：鲸鱼头上有两个角，角是空心的，从里面喷出水来，而且故意喷进船里，把船压沉。

其实喷水的只是鲸的鼻孔，不是什么角，喷出的也只是水雾，不至于把船压沉。对船好奇的鲸鱼常会贴近观察，难免把水喷到船上，水手在惊惧中才有这样的误会。

欧洲水手害怕鲸鱼喷水，但聂璜记载，中国水手遇到鲸鱼时，会争相用空盆接着这些水，因为"海水咸苦，经鱼脑穴出，反淡如泉水焉"。这就纯属胡扯了，鲸鱼喷出的水只有两种成分，大部分是被气冲起来的海水，少部分是鼻涕之类的体液，哪一个都没法喝。

1726年，英国航海家薛沃克曾遇到鲸鱼，他说："当它们在我们身边吹气时，臭味害得我们差点儿憋死。"同时代的另一位科学家佛斯特碰到过二三十头鲸鱼，他的感受是："它们呼吸时散发的恶臭会让人中毒，空气中的腐尸味能持续两三分钟。"

这样的"清新口气"喷出的水，能"淡如泉水"，鬼才信。

海中大物，莫过于鱃

（三）

说完井鱼，我们再看另一幅画：海鳛。

此画诡异至极，一座藤壶和牡蛎堆成的山上，趴着一条一脸茫然的鳗鱼状生物。这就是海鳛？

看旁边的文字才知道，这座"藤壶山"其实是海鳛的后背，上面趴着的是它的孩子：儿鳛。

聂璜这样画，是参考了一些有关海鳛的记载：据说海中最大的生物就是海鳛，身长百余里。虽然也被写作"海鳅"，但"鳛"才是正字。因为"酋"是首领的意思，海鳛是"海鱼之最伟者，犹酋长也，故谓之鳛"。

传说，海鳛背上覆盖有牡蛎和藤壶，常年积累下来，竟有十余丈（30多米）高。它的背和水面相平的话，牡蛎、藤壶就会耸出水面，像一座山。儿鳛常趴在母亲背上。

日本19世纪的《梅园鱼谱》中，画了很多种鲸豚，它们也被日本人称为"××海鳅"（海鳛的另一种写法）。像这只"背美海鳅"就明显是一条露脊鲸

《海错图》中的海鳛

北太平洋露脊鲸。头上的黄白色斑块就是藤壶和鲸虱的群落

聂璜在海边住了那么多年也没见过海鳅，"难识其状"。于是他放飞心灵，只画了海鳅后背的藤壶和牡蛎，把儿鳅画成了一条大鳗鱼。

倭人捕鳅

（四）

康熙丁卯年（1687年），聂璜偶遇了一位船商杨某，他去过三次日本，聂璜疯狂地采访了他三天，"尽得其说，笔记其事为十八则"。后来聂璜又收集了一些苏杭船客的日本见闻，集为一本《日本新话》。这本书现在失传了。幸好，关于海鳅的部分，聂璜摘录在了《海错图》里。

船客们告诉聂璜，日本人最善于捕猎海鳅，动辄数百人坐着数十艘渔船出海，"探鳅迹之所在"。一旦找到，就避开鳅身上坚硬的藤壶，在柔软的部位"投之药枪数百枝，枪颈皆围锡球令重，必有中其背翅可透肉者"。

海鳅忍痛下潜，但不久就要浮上来呼吸，这时再次投枪。几遍过后，"药毒大散，鳅虽巨，惫甚矣"。这时就把它拉到岸边，分割售卖。"日本灯火皆用鳅油，而伞扇器皿雨衣等物皆需之，所用甚广，是以一鳅常获千金之利。"

浮世绘画家歌川广重笔下的日本传统捕鲸

露脊鲸和它的孩子『儿鳐』一起，浮在水面

一鲸一世界

㊄

　　看到这你应该明白了，海鳐还是鲸。至于说身上长着厚厚的藤壶、体型大的鲸，应该指向北太平洋露脊鲸、灰鲸、大翅鲸（座头鲸）这三种。它们的幼鲸为了呼吸方便，常会半趴在母亲后背上，露出水面。所以"儿鳐"的记载是靠谱的，只不过外形被聂璜画得不像。

　　聂璜在海鳐身上画了牡蛎和藤壶，其实鲸身上一般没有牡蛎，而是有两种东西：鲸藤壶和鲸虱。鲸藤壶不是一般的藤壶，它只长在鲸身上，借鲸的游动获得海水中的新鲜食物。为了防止鲸的老皮脱落把自己脱下去，鲸藤壶会把自己一半的身体埋进鲸皮里，再将一部分鲸皮"嵌"进自己的身体，这样就妥妥的了。鲸虱则是一类端足目动物，和虾是亲戚，靠爪子扒在鲸身上，啃鲸皮吃。

不是每种鲸都会长藤壶和鲸虱，只有游速慢的才会长，比如露脊鲸、灰鲸和大翅鲸。其中最夸张的是露脊鲸，它头部有几块增厚的胼胝（皮茧），很粗糙，正适合藤壶附生。所以你会看到露脊鲸头上有很多大白疙瘩，凑近看，全是密密麻麻的藤壶，藤壶之间趴满了鲸虱。藤壶很硬，可以作为鲸鱼自卫或打斗的工具，有学者观测到，凶猛的虎鲸在攻击露脊鲸时，都会躲开这些部位。

当露脊鲸的脑袋伸出水面时，就像是一座长满了藤壶的小岛。不过顶多是个高两三米的岛，传说里那些"高十许丈（30多米）、舟人误以鱼背为山，登其上"的说法，太夸张了。露脊鲸整个体长才15米左右。

可对于它身上的鲸虱来说，一条鲸不仅是一座山，甚至可以说是一个星球。

露脊鲸露出了头顶，上面密布着白色的藤壶斑块，好像一座小岛

　　鲸虱不善游泳，只能一辈子住在自己所附的那条鲸上，出生，长大，繁衍，死亡。这条鲸就是它的整个世界。只有在鲸鱼母子身体接触时，鲸虱才有机会转移到另一条鲸身上。

　　这种封闭性，导致每个鲸群的鲸虱都有自己独特的血统，据此就能推算出鲸鱼之间的血缘关系。美国犹他大学从世界各地的露脊鲸身上采集鲸虱，进行基因测序，发现目前世界上的三种露脊鲸是在500多万年前从同一种鲸分化出来的，而且在100多万年前，至少有一只露脊鲸从南半球游到了北半球，使北边的鲸虱掺入了南方血统。

左：大翅鲸身上的桶冠鲸藤壶（*Coronula diadema*）。中：灰鲸身上的灰鲸隐藤壶（*Cryptolepas rhachianecti*）。右：不知道什么鲸身上的什么藤壶

单个的鲸虱。足上的钩子可以钩住鲸鱼皮

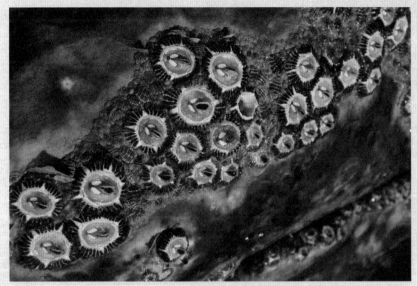

近观灰鲸身上的藤壶。蜂窝状的是藤壶，藤壶之间的肉色部分是鲸虱群

正确的鲸

（六）

　　露脊鲸最符合"藤壶山"的描述，是海鳅最可能的原型。此外，还有个证据：既然日本人喜欢捕猎它，那就更可能是露脊鲸了。

　　在传统捕鲸业中，露脊鲸是最受欢迎的。它的英文名是right whale，即"正确的鲸"，因为它的鲸脂特别多（捕鲸主要是为了鲸脂）；游速慢，水手划桨能追上；而且死后会漂在海面上，这一点很重要，有的鲸死后会沉到海底，拖不回岸边，露脊鲸就很好拖。

　　日本民间有一句俗语："一頭捕れば七浦賑わう。"意为捕到一头鲸，许多渔村都能得到恩惠。鲸鱼制品不但在日本"所用甚广"，在西方更是如此。18世纪，在电灯还没被发明出来的时候，鲸油点亮了欧洲和美洲的路灯，今天的照明单位"烛光"（candle power），就是以抹香鲸油蜡烛发出的亮度为准的。鲸脂做成的肥皂让更多的欧洲人干净了起来，鲸须制成的束腰勒细了上流女人的腰肢。

在疯狂的需求下，传统海域的鲸鱼被杀光了。欧洲人开始在新海域搜索鲸鱼。当他们来到从未被人类染指的海域时，震惊地看到了鲸鱼本应有的规模：

1786年，在南美洲最南端的火地岛附近，旅行家拉彼鲁兹写道："我们通过海峡的全程，都被鲸鱼包围了……它们从未被打扰过，它们毫不惧怕我们的船。"同年，他在加利福尼亚的蒙特利湾记录："我们周围的鲸鱼，多到无法用言语形容！"

1835年，有位观察者描述："一群抹香鲸的数量很多，我就见过五六百头的一群。"

16世纪的德国木版画，人们正在剥鲸脂。注意，鲸的鼻孔被画成了两个管子，即聂璜引述的西方人记载中的「头有两角而虚其中」

在这幅捕鲸画中，一头露脊鲸已经濒临死亡，鼻孔中喷出了血。远处的大船边，另一头鲸正在被切割。

19世纪50年代的12月至次年2月，美国加利福尼亚的海边观测塔记载，每天都有1000头鲸游过。

《苏州府志》曾记录，明朝末年，"海上有大鱼过崇明县（今上海崇明岛），八日八夜始尽"。聂璜将这段话理解为一条超大的海鳍，其实，很可能就是由成百上千头鲸组成的一个巨型鲸群。

拜当年的全球捕鲸业所赐，今天我们去赏鲸，能看到七八只已经算"此生不虚"级别了，这让我们不敢相信一百多年前的这些记载。每一代人总认为自己所处的世界才是正常的世界。其实，一个又一个海湾中挤满了成百上千头巨鲸的背脊，才是世界本来的样子。

《海错图》中的跨鲨

跨鲨诸书不载访之闽海渔人云海
中至大之鲨也有白跨黑跨二种白
跨尤大头如山岳可四五丈身长数
十丈出没于大洋中可以吞舟其次
亦长三五丈不等头身俱有撮嘴生
催罗即初生小鲨赤重五六十斤或
有随潮谈尼轻浅邂逅者渔人性往取
其油以为膏火之用不堪食也蒸薰
以跨名以其在海常昂首耀起忽跨
于洪波或百十为群前淆昂尾旋转
鲨至白浪滔天山岳为之势悔恶按
熊肥则常上高樯而自堕地者数
矢令大鲨不须水而进乃数为两跨
或六典跨肥之意同鹤鹤仲引似符
道家鸡养法盖饮寿而蒸市昂之是
以能永年为海中大物亦象故吞开
之鱼口摩鸡鸡二字或于跨鲨用
力撤谈出未可知字票鱼部有触鲅
字
　　跨鲨赞
鲨仲鹤引偶练有候
跨薰效之必得其寿

跨鲨养生术

（七）

看完海鳝，我们再翻到第三幅图：跨鲨。

这种动物"诸书不载"，纯粹是福建渔民告诉聂璜的。他们说，这是海中最大的鲨鱼，有白跨、黑跨两种。"白跨尤大，头如山岳，可四五丈，身长数十丈，出没于大洋中，可以吞舟。"

跨鲨的头身"俱有撮嘴（藤壶）生其上，触物如坚甲之在身"。有时，它会搁浅在沙滩，"渔人往往取其油以为膏火之用"。

鲨鱼倒是有大个儿的，比如鲸鲨，但鲨的体表相当干净，绝不会长藤壶，而且鲨鱼也没什么皮下脂肪能用来点灯，所以这"跨鲨"其实还是鲸鱼！

鉴于它也身披藤壶，所以"嫌疑人"还是从北太平洋露脊鲸、灰鲸、大翅鲸里选。虽然跨鲨可能是这三种的泛指，但非要挑一种的话，最有可能是大翅鲸（座头鲸）。第一，它胸鳍超长，嘴又尖，最像鲨鱼。第二，大翅鲸有些个体是白肚子，有些是黑肚子，也正和"白跨、黑跨"对应。第三，露脊鲸和灰鲸多在寒冷的朝鲜以北海域活动，南方暖海里多是大翅鲸，最容易被福建渔民看到。

跨鲨的"跨"是啥意思？舟人告诉聂璜："其在海常昂首跃起，悬跨于洪波巨浪中，如筋斗状，头尾旋转于水面。或百十为群，前鲨翻去，后鲨踵至，白浪滔天，山岳为之动摇，日月为之惨暗，渔舟遥望，往往惊怖。"

这几句话令我激动不已，这不正是鲸鱼标志性的"跃身

大翅鲸身形类似鲨鱼，体表有藤壶附生，又酷爱『跃身击浪』，是『跨鲨』的最大『嫌疑人』

击浪"行为吗？

鲸的跃身击浪（breaching）是地球上最壮观的景象之一。巨鲸昂首蹿出海面，腾空而起，就像一位背越式跳高者翻越一根隐形的横竿，最后用背部拍击海面，激起冲天的浪花和雷鸣般的巨响。《海错图》里的这段文字，应该是对跃身击浪最贴切、最优美的描述了。

大型鲸类中，大翅鲸最喜爱跃身击浪，而且能跃起特别高，甚至全身都腾空，这在鲸鱼中可不多见。两个巨大的胸鳍也让它的击浪比其他鲸鱼更加壮观，这也是"跨鲨=大翅鲸"猜想的另一旁证。

跨鲨为什么要"跨"？聂璜又推理上了。他听闻，狗熊如果太肥，就会气血胀满，难受。于是它就爬上树，再跳下来砸到地上，如此多次，名曰"跌肥"，可以调理气血，是熊的养生之道。所以聂璜推测，跨鲨的"跨"也和"跌肥"一样，是一种养生术。懂得养生，寿命就长，寿命一长，才能长成海中大物。于是他写了一首小赞：

熊伸鹤引，
修炼有候。
跨鲨效之，
必得其寿。

大翅鲸的偏黑个体和偏白个体。「白跨」「黑跨」也许就是不同体色的大翅鲸。当然，也可能分别指不同种类的鲸，比如白跨指大翅鲸，黑跨指露脊鲸

既然渔民说「白跨尤大」，那就说明黑跨要小一些。露脊鲸也有跃身击浪的行为，但出水部位比大翅鲸少，显得较小，也许是「黑跨」的原型

　　现实中，熊不会"跌肥"，但鲸鱼的跃身击浪倒真有可能是在养生。目前科学家猜测，击浪可能是亲友间的交流方式，也可能是纯粹的消遣，还有一种可能，是震掉身上的鲸虱。鲸虱会啃皮，还会拿小爪子爬搔，太烦人了，不对，太烦鲸了。震掉一些鲸虱，生活更加美好，也许真的能多活几分钟吧。

　　井鱼、海鳝、跨鲨，三种看上去截然不同的生物，竟然全都是鲸鱼。我想到了盲人摸象的故事。鲸鱼体型过于巨大，又深藏大海，偶尔显露出不同部位、不同行为，就被人赋予了不同意象，乃至被传成了不同的生物。

　　越琢磨这件事，越可怕。这就叫深海恐惧吧。

致　谢

在为时一年的写作过程中，美国马里亚纳旅游局、厦门的"海鲜大叔"陈葆谦、杭州的鱼类学者周卓诚为我的野外考察提供了重要的协助。贝类学者何径赠送给我两枚重要的海月标本，并为我提供了海月的栖息环境资料。鱼类研究者李帆向我提供了颌针鱼目的最新研究动态，鱼类学博士李昂为我提供了鲥鱼、海鳗的宝贵资料。台湾学者彭永松在春节期间拨冗为我提供了锯鳐的相关图片和资料。野外探索者李成以及果壳网的捂姬、花落成蚀都为我提供了"獭祭鱼"的证据。还要感谢我的女儿，我刚刚把《崔鱼》一文收尾，你就出生了，没有打断我的思路，真是乖极了。每次写累了去给你换尿布，逗你笑成一朵花，是我最大的消遣。感谢我的父母和岳父岳母，多亏你们的帮忙，我才得以抽出时间来写作。我的爱人在孕期和产后都非常支持我的写作，对我说得最多的一句话就是："去，写海错图去。"有了她的鞭策，此书才得以按期付梓。书中部分科学插画由插画师郑秋旸、张瑜、苏义、孟凡萌精心绘制，部分照片由唐志远、严莹、李成、王辰、张帆、徐健、陈葆谦拍摄，向各位同好一并致谢。

图　片

陈葆谦：16；李成：236；孟凡萌：120；苏义：173右下；唐志远：24；王辰：74；徐健：222左下；严莹：32左；张辰亮：25下、32右、37、39、42右、47左、47右、48、49、52左上、53、54上、54下、55、56、127右、129下、144、148、155左、155右、177上、177下、194、201；张帆：166；张瑜：58右；郑秋旸：14、78左上、78右上、115、134上、152、160上、160下、165、195

图书在版编目（CIP）数据

海错图笔记. 贰 / 张辰亮著. -- 北京：中信出版
社. 2017.11（2017.11重印）
  ISBN 978-7-5086-8065-1

  Ⅰ. ①海… Ⅱ. ①张… Ⅲ. ①海洋生物—普及读物
Ⅳ. ①Q178.53-49

  中国版本图书馆CIP数据核字(2017)第196126号

图片提供：陈葆谦/李成/孟凡萌/苏义/唐志远/王辰/徐健/严莹/张辰亮/张帆/张瑜/
郑秋旸/达志影像/全景视觉/视觉中国

海错图笔记·贰

著　　者：张辰亮
策划推广：北京地理全景知识产权管理有限责任公司
出版发行：中信出版集团股份有限公司
　　　　　（北京市朝阳区惠新东街甲4号富盛大厦2座 邮编 100029）
承 印 者：北京华联印刷有限公司
制　　版：北京美光设计制版有限公司

开　　本：710mm×1000mm 1/16　印　　张：16　字　　数：206千字
版　　次：2017年11月第1版　　印　　次：2017年11月第2次印刷
广告经营许可证：京朝工商广字第8087号
书　　号：ISBN 978-7-5086-8065-1
定　　价：78.00元